もくじと学習の記ろく

本書に関する最新情報は，当社ホームページにある**本書の「サポート情報」**をご覧ください。(開設していない場合もございます。)

1 つぎの数を大きいじゅんにならべなさい。(8点/1つ4点)

(1) 942,　947,　924,　1042

〔　　　　　　　　　　　　　　　　　　　　　　　　　〕

(2) 3580,　3510,　3507,　3555

〔　　　　　　　　　　　　　　　　　　　　　　　　　〕

2 数字で書きなさい。(15点/1つ5点)

(1) 四千七百　　　　　(2) 八千三十　　　　　(3) 六千五

〔　　　　　〕　　〔　　　　　〕　　〔　　　　　〕

3 つぎの数を書きなさい。(15点/1つ5点)

(1) 100 を 7 こと 10 を 6 こと 1 を 5 こあわせた数 〔　　　　　〕

(2) 100 を 83 こ集めた数　　　　　　　　　　〔　　　　　〕

(3) 2000 より 60 大きい数　　　　　　　　　〔　　　　　〕

4 色のついたところはもとの大きさの何分の一ですか。分数で表しなさい。(10点/1つ5点)

(1) [　　　　　　　　]　　　　(2) [　　　　　　　　]

〔　　　　　　　〕　　　　　　〔　　　　　　　〕

5 つぎの計算をしなさい。(18点/1つ3点)

(1)
```
  3 2
+   6
```

(2)
```
  3 8
+ 6 2
```

(3)
```
  8 9
- 2 7
```

(4)
```
  1 0 0
-   3 9
```

(5) 82+3+17

(6) 50-39+11

6 まん中の数からまわりの数をひきなさい。(14点/1つ2点)

(1)
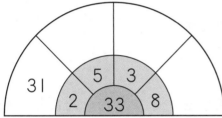

(2)
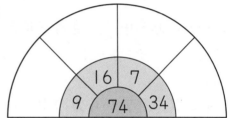

7 つぎの計算をしなさい。(20点/1つ2点)

(1) 6×3

(2) 4×8

(3) 7×3

(4) 5×8

(5) 3×4

(6) 9×7

(7) 9×2

(8) 4×4

(9) 6×4

(10) 9×4

月　　日　答え ➡ べっさつ1ページ

時 間 20分　合かく 80点　とく点　　　点

1 下の**ア**から**カ**のように，点と点を線でつないで三角形をつくりました。

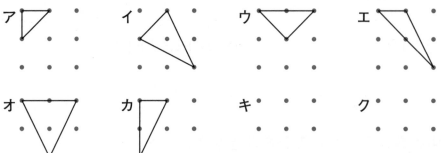

(1) **ア**から**カ**の中で，直角三角形はどれですか。(10点)

〔　　　　　　　　〕

(2) **キ**と**ク**に，**ア**から**カ**の中にない三角形をかきなさい。ただし，向きをかえたものは同じものとします。(10点/1つ5点)

2 下の**ア**から**カ**のように，点と点を線でつないで四角形をつくりました。

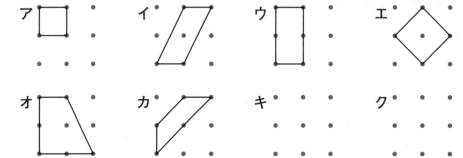

(1) **ア**から**カ**の中で，正方形はどれですか。(10点)

〔　　　　　　　　〕

(2) **ア**から**カ**の中で，長方形はどれですか。(10点)

〔　　　　　　　　〕

(3) **キ**にはこの中にない正方形を，**ク**にはこの中にない四角形をかきなさい。ただし，向きをかえたものは同じものとします。(10点/1つ5点)

4

3 おり紙をつぎのように2つにおって，太い線のところで切って開くと，切ったところはどんな形ができますか。(20点/1つ10点)

(1)

(2)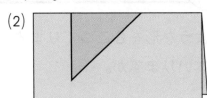

〔   〕   〔   〕

4 下の問いに答えなさい。(20点/1つ10点)

(1) 右の図には，直角三角形がいくつありますか。

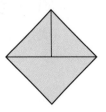

〔   〕

(2) 右の図には，正方形がいくつありますか。

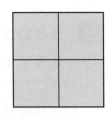

〔   〕

5 直線を1本かいて，つぎの形をつくりなさい。(10点/1つ5点)

(1)

三角形と四角形

(2)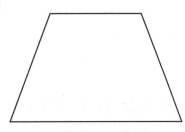

三角形と四角形

2年のふく習 ③

1 右のような形を8こつくります。ぼうは，全部_{ぜんぶ}で何本いりますか。(15点)

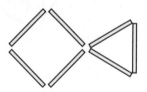

(式)

答え〔　　　　　　　〕

2 9円のあめを6こ買うのと，8円のあめを7こ買うのとでは，どちらがいくら高いですか。(15点)

(式)

答え〔　　　　　　　　　　　　〕

3 さとしさんたちはカルタとりをしました。下の表_{ひょう}は，そのときのせいせきです。つぎの問いに答_とえなさい。(20点/1つ10点)

名まえ	さとし	ななみ	ゆうと	みお
とった数	15	12	9	16

(1) いちばんたくさんとったのはだれですか。

〔　　　　　　　〕

(2) さとしさんは何まいとりましたか。

〔　　　　　　　〕

4 下の表は，はるかさんのはんの漢字テストのけっかです。つぎの問いに答えなさい。

はるか	○	○	○	○	×	○	×	○	○	○
しんじ	○	○	○	○	○	○	○	○	○	×
ようこ	○	○	×	○	○	○	×	×	○	○
ひでと	×	○	○	×	×	○	○	○	×	×

(1) だれがよくできたかわかるグラフをかきなさい。
（○をつけなさい。）(10点)

(2) いちばんよくできたのはだれで，いくつできましたか。 (10点/1つ5点)

はるか	しんじ	ようこ	ひでと

〔　　　　　　　　　　〕で，〔　　　　　　　　　　〕

(3) 1つ10点で点をつけました。ようこさん，ひでとさんはそれぞれ何点ですか。(10点/1つ5点)

ようこ〔　　　　　　　　　〕　ひでと〔　　　　　　　　　〕

5 右のグラフは，わなげあそびのはんごとのせいせきです。1つの○が2点です。それぞれのはんの点は何点ですか。(20点/1つ5点)

1ぱん	○○○○
2はん	○○○○○○
3ぱん	○○
4はん	○○○○○

1ぱん〔　　　　　　　　　〕　2はん〔　　　　　　　　　〕

3ぱん〔　　　　　　　　　〕　4はん〔　　　　　　　　　〕

1 大きい数のしくみ

学習の ねらい
- ☑ 一万より大きい数を読んだり，書いたりできるようにします。
- ☑ 一万までの数のしくみをもとに，一億まで数のしくみをりかいします。

ステップ 1

1 つぎの数を数字になおしなさい。

(1) 八万五千

(2) 六千五百万

〔　　　　　　　〕　　　〔　　　　　　　〕

(3) 三百二万九千

(4) 七百万四百三十

〔　　　　　　　〕　　　〔　　　　　　　〕

2 つぎの数を漢字(かんじ)になおしなさい。

(1) 4320000

(2) 70030000

〔　　　　　　　〕　　　〔　　　　　　　〕

3 つぎの ☐ にあてはまる数を書きなさい。

(1) 9999 より 1 大きい数は ☐ です。

(2) 十万の 10 倍(ばい)は ☐ です。

(3) 百万が 4 つと，一万が 3 つで ☐ 万です。

(4) 十万が 5 つと，一万が 8 つと，千が 7 つで ☐ です。

(5) 十万の 1000 倍は ☐ です。

4 つぎの□にあてはまる数を書きなさい。

(1) 99998 ― 99999 ― [　　　] ― 100001 ― [　　　]

(2) 18万 ― 20万 ― [　　　] ― 24万 ― [　　　]

(3) 8000万 ― [　　　] ― 9000万 ― 9500万 ― [　　　]

5 つぎの2つの数の大小を，不等号(>，<)で表しなさい。

(1) 540000 [　] 86000

(2) 3670000 [　] 3870000

(3) 590000 [　] 95000

(4) 403000 [　] 430000

6 つぎの図の↓の目もりが表している数を書きなさい。

(1)

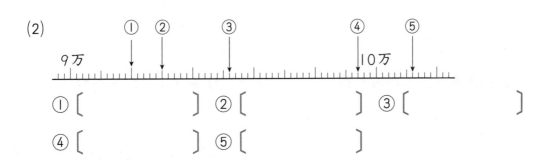

① [　　　] ② [　　　] ③ [　　　]

④ [　　　] ⑤ [　　　]

(2)

① [　　　] ② [　　　] ③ [　　　]

④ [　　　] ⑤ [　　　]

STEP **2**

ステップ**2**

⏱時 間 25分
👍合かく 80点

✏とく点

点

1 つぎの数を数字で書きなさい。(16点/1つ4点)

(1) 八万五千三百二十

(2) 三百二十万八千

〔　　　　　　　　　〕　〔　　　　　　　　　〕

(3) 五百六十万三百

(4) 七千九万五百

〔　　　　　　　　　〕　〔　　　　　　　　　〕

2 つぎの数を読み，漢字で書きなさい。(16点/1つ4点)

(1) 628000

(2) 1830600

〔　　　　　　　　　〕　〔　　　　　　　　　〕

(3) 8005003

(4) 72003000

〔　　　　　　　　　〕　〔　　　　　　　　　〕

3 つぎの数をもとめなさい。(24点/1つ4点)

(1) 26 を 10 倍した数

(2) 305 を 100 倍した数

〔　　　　　　　　　〕　〔　　　　　　　　　〕

(3) 72600 を 10 倍した数

(4) 84000 を 1000 倍した数

〔　　　　　　　　　〕　〔　　　　　　　　　〕

(5) 92000 を 10 でわった数

(6) 60700 を 10 でわった数

〔　　　　　　　　　〕　〔　　　　　　　　　〕

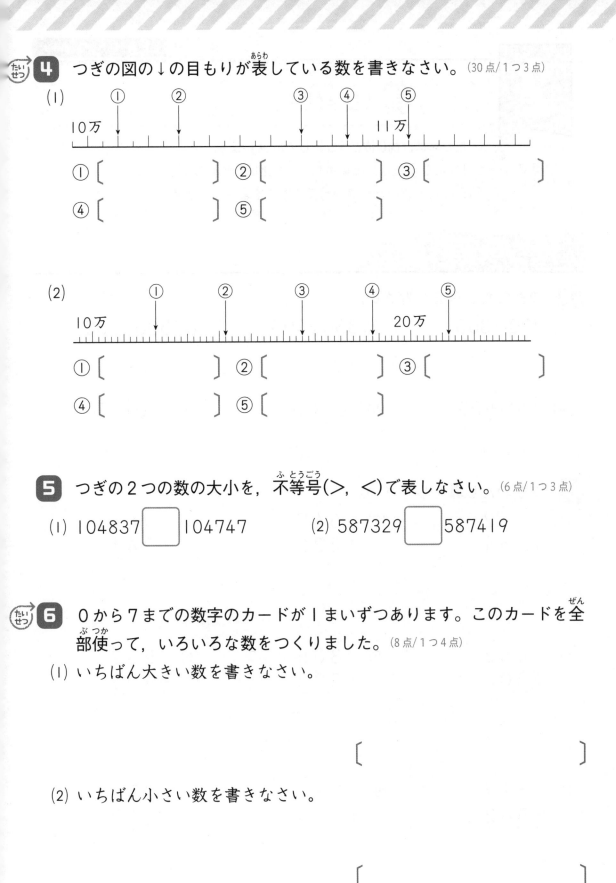

4 つぎの図の↓の目もりが表している数を書きなさい。(30点/1つ3点)

(1)

10万　　　　　　　　　　　　　　　　　　11万

① [　　　　　　　] ② [　　　　　　　] ③ [　　　　　　　]

④ [　　　　　　　] ⑤ [　　　　　　　]

(2)

10万　　　　　　　　　　　　20万

① [　　　　　　　] ② [　　　　　　　] ③ [　　　　　　　]

④ [　　　　　　　] ⑤ [　　　　　　　]

5 つぎの2つの数の大小を，不等号(＞，＜)で表しなさい。(6点/1つ3点)

(1) 104837 □ 104747　　　(2) 587329 □ 587419

6 0から7までの数字のカードが1まいずつあります。このカードを全部使って，いろいろな数をつくりました。(8点/1つ4点)

(1) いちばん大きい数を書きなさい。

[　　　　　　　　　　　　　]

(2) いちばん小さい数を書きなさい。

[　　　　　　　　　　　　　]

2 たし算の筆算 ①

- ✓たし算は，同じ位どうしたして計算します。
- ✓10になったら，上の位に1くり上げて計算します。
- ✓2けたの数のたし算が暗算でできるようにします。

ステップ1

1 つぎのたし算をしなさい。

(1) 700＋300　　(2) 800＋400　　(3) 500＋600

(4) 200＋900　　(5) 700＋700　　(6) 900＋800

2 つぎのたし算をしなさい。

(1)
```
  132
+ 654
```

(2)
```
  647
+ 232
```

(3)
```
  748
+ 241
```

(4)
```
  483
+ 305
```

(5)
```
  306
+ 593
```

(6)
```
  502
+ 407
```

(7)
```
  617
+ 562
```

(8)
```
  821
+ 976
```

(9)
```
  254
+ 810
```

3 つぎのたし算をしなさい。

(1)
```
  143
+ 524
```

(2)
```
  347
+ 215
```

(3)
```
  632
+ 297
```

(4)
```
  725
+ 831
```

(5)
```
  498
+ 456
```

(6)
```
  953
+ 528
```

(7)
```
  974
+ 642
```

(8)
```
  547
+ 723
```

(9)
```
  524
+ 476
```

4 つぎの計算をしなさい。答えのたしかめもしなさい。

(1)
```
  465
+ 323
```
（たしかめ）

(2)
```
  729
+ 693
```
（たしかめ）

5 つぎのたし算を暗算でしなさい。

(1) 52＋35

(2) 46＋34

(3) 23＋69

(4) 53＋64

(5) 13＋38

(6) 68＋29

月　日　答え ➡ べっさつ3ページ

ステップ2

⏰時　間 25分
👍合かく80点

✏とく点

点

1 つぎのたし算をしなさい。（24点/1つ4点）

(1)
```
  865
+ 587
```

(2)
```
  375
+ 458
```

(3)
```
  328
+ 672
```

(4)
```
  278
+ 356
```

(5)
```
  834
+ 876
```

(6)
```
  826
+ 654
```

2 つぎの計算のまちがいを見つけ，正しい答えを書きなさい。

（15点/1つ5点）

(1)
```
  249
+ 432
  671
```

(2)
```
  587
+ 326
  803
```

(3)
```
  692
+ 418
 1000
```

3 くふうして計算しなさい。（20点/1つ5点）

(1) 310+198

(2) 299+199

(3) 725+45+55

(4) 81+374+19

4 つぎの□にあてはまる数を書きなさい。（12点/1つ4点）

(1)
```
  5 3 □
+ □ □ 4
  7 9 8
```

(2)
```
  4 □ 8
+ 2 3 □
  □ 5 0
```

(3)
```
  □ 3 □
+ 3 □ 3
  7 0 0
```

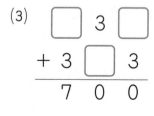

5 さくらさんの学校の児童数は，487 人です。ただしさんの学校の児童数は，354 人です。2 人の学校の児童数をあわせると，全部で何人になりますか。(7点)

(式)

答え [　　　　　　　　]

6 ゆきこさんは，弟に 500 円かしてあげました。のこりを調べてみると，863 円でした。ゆきこさんは，はじめお金をいくら持っていましたか。(7点)

(式)

答え [　　　　　　　　]

7 くりひろいきょうそうをしました。赤組は，278 こひろいました。白組は，赤組よりも 25 こ多くひろいました。2 つの組のくりをあわせると，何こになりますか。(7点)

(式)

答え [　　　　　　　　]

8 ひろとさんは，お母さんと買い物に行きました。35 円のガムと 210 円のチョコレートと 65 円のキャラメルを買いました。全部でいくらはらえばよいですか。くふうして計算しなさい。(8点)

(式)

答え [　　　　　　　　]

3 ひき算の筆算 ①

学習の
ねらい

- ✅ ひき算は，**同じ位どうし**ひいて計算します。
- ✅ ひけない場合は，上の位から 10 くり下げて計算します。
- ✅ 2けたの数のひき算が**暗算**でできるようにします。

ステップ 1

1 つぎのひき算をしなさい。

(1) 1900−900　　(2) 1700−500　　(3) 1600−400

(4) 1200−300　　(5) 1300−500　　(6) 1400−700

2 つぎのひき算をしなさい。

(1)
```
  397
- 264
```

(2)
```
  786
- 351
```

(3)
```
  928
- 613
```

(4)
```
  485
- 274
```

(5)
```
  569
- 236
```

(6)
```
  673
- 432
```

(7)
```
  138
-  45
```

(8)
```
  154
-  81
```

(9)
```
  149
-  96
```

3 つぎのひき算をしなさい。

(1)
```
  473
 -148
```

(2)
```
  230
 -219
```

(3)
```
  726
 -384
```

(4)
```
  534
 -145
```

(5)
```
  825
 -689
```

(6)
```
  620
 -186
```

(7)
```
  503
 -264
```

(8)
```
  201
 -198
```

(9)
```
  800
 -  9
```

4 つぎの計算をしなさい。答えのたしかめもしなさい。

(1)
```
  857
 -326
```
（たしかめ）

(2)
```
  482
 -257
```
（たしかめ）

5 つぎのひき算を暗算でしなさい。

(1) 98－25

(2) 78－48

(3) 87－34

(4) 81－68

(5) 43－24

(6) 55－48

⏰時　間 25分
👍合かく 80点
✏とく点
点

1 つぎのひき算をしなさい。(24点/1つ4点)

(1)
```
  502
- 163
```

(2)
```
  400
- 289
```

(3)
```
  700
- 439
```

(4)
```
  301
- 259
```

(5)
```
  507
- 158
```

(6)
```
  643
- 186
```

2 つぎの計算のまちがいを見つけ，正しい答えを書きなさい。

(15点/1つ5点)

(1)
```
  581
- 245
─────
  344
```

(2)
```
  410
- 173
─────
  347
```

(3)
```
  600
- 319
─────
  191
```

3 くふうして計算しなさい。(20点/1つ5点)

(1) 300−199

(2) 700−298

(3) 500−399

(4) 900−697

4 つぎの□にあてはまる数を書きなさい。(12点/1つ4点)

(1)
```
  □ 5 4
- 2 □ 2
───────
  4 1 □
```

(2)
```
  5 □ 3
- □ 8 □
───────
  3 1 1
```

(3)
```
  3 □ □
- □ 4 2
───────
    1 5
```

5 あきこさんは，おかしやさんで 235 円使いました。500 円玉を出すと，おつりはいくらになりますか。(7点)

(式)

答え〔 　　　　　　 〕

6 まさとさんは，シールを 218 まい持っていました。妹に何まいかあげたので，のこりが 51 まいになりました。まさとさんは，妹に何まいあげましたか。(7点)

(式)

答え〔 　　　　　　 〕

7 貝ほりに行きました。たろうさんは 437 こ，はなこさんは 515 こほりました。どちらが何こ多いですか。(7点)

(式)

答え〔 　　　　　　 〕

8 みさきさんの学校の児童数は 794 人です。このうち，男子は 359 人です。男子と女子は，どちらが何人多いですか。(8点)

(式)

答え〔 　　　　　　 〕

4 たし算の筆算 ②

学習の
ねらい

☑ かんたんな4けたの数のたし算を，暗算でできるようにします。
☑ 4けたの数のたし算が筆算でできるようにします。

ステップ1

1 つぎのたし算を暗算でしなさい。

(1) 2000+3000

(2) 4500+4500

(3) 5000+8000

(4) 6300+1400

(5) 6000+400

(6) 1580+7000

2 つぎのたし算をしなさい。

(1)
```
   4208
 +3020
```

(2)
```
   1371
 +5616
```

(3)
```
   1234
 +5432
```

(4)
```
   1010
 +4217
```

(5)
```
   2134
 +4312
```

(6)
```
   4907
 +3082
```

(7)
```
   3827
 +4162
```

(8)
```
   4567
 +2431
```

(9)
```
   5137
 +2741
```

3 つぎのたし算をしなさい。

(1)
```
  4657
+ 3238
```

(2)
```
  1589
+ 4763
```

(3)
```
  3654
+ 4682
```

(4)
```
  2863
+ 4579
```

(5)
```
  4008
+ 3797
```

(6)
```
  2569
+ 3725
```

(7)
```
  4836
+ 2187
```

(8)
```
  5634
+ 3368
```

(9)
```
  5493
+ 3784
```

(10)
```
  3264
+  413
```

(11)
```
  6391
+ 3608
```

(12)
```
   527
+ 3473
```

(13)
```
  7224
+ 4227
```

(14)
```
  8356
+ 1648
```

(15)
```
  9473
+ 2548
```

4 あるテーマパークの入園者数は, きのうが 3542 人, 今日が 4237 人でした。きのうと今日の入園者数は, 全部で何人ですか。

(式)

答え 〔   〕

時　間 25分
合かく 80点

とく点

点

1 つぎのたし算をしなさい。（32点/1つ4点）

(1)
```
  4865
+ 3587
```

(2)
```
  5328
+ 3672
```

(3)
```
  6278
+ 1356
```

(4)
```
  3826
+ 1654
```

(5)
```
   236
+ 4543
```

(6)
```
  5624
+  293
```

(7)
```
   437
+ 4814
```

(8)
```
  7825
+  253
```

2 つぎの計算をしなさい。（16点/1つ4点）

(1) 1027＋539＋62

(2) 3715＋1505＋43

(3) 2362＋354＋301

(4) 4829＋804＋1412

3 つぎの □ にあてはまる数を書きなさい。（12点/1つ6点）

(1)
```
  2 □ 4 7
+ 7 3 □ □
─────────
  □ 6 9 8
```

(2)
```
  □ 9 □ 4
+   □ 5 7
─────────
  9 0 8 □
```

4 みのるさんの町の人数は，男の人が 4585 人で，女の人が 4748 人です。みのるさんの町の人数は，全部で何人ですか。(10点)

(式)

答え [　　　　　　　　]

 5 ある町の小学校の児童数は，右の表のようになっています。町全体の小学校の児童数は，何人ですか。(10点)

(式)

学校名	人数(人)
東小学校	1485
北小学校	1348
西小学校	874

答え [　　　　　　　　]

6 ある動物園の入園者数を調べると，土曜日は 2485 人，日曜日は 3496 人でした。この 2 日間の動物園の入園者数は，あわせて何人ですか。(10点)

(式)

答え [　　　　　　　　]

7 3980 円のジーパンと 1450 円の T シャツを買いました。プレゼント用にしてもらったため，箱代 250 円がかかりました。あわせて何円になりましたか。(10点)

(式)

答え [　　　　　　　　]

5 ひき算の筆算 ②

- ✓ かんたんな4けたの数のひき算を，暗算でできるようにします。
- ✓ 4けたの数のひき算が筆算でできるようにします。

ステップ1

1 つぎのひき算を暗算でしなさい。

(1) 4000−2000

(2) 9000−3000

(3) 8000−7000

(4) 6500−5500

(5) 3770−3700

(6) 1500−500

2 つぎのひき算をしなさい。

(1)　　3874
　　−2522

(2)　　8621
　　−5420

(3)　　6942
　　−5502

(4)　　9768
　　−5454

(5)　　7395
　　−6182

(6)　　5974
　　−3542

(7)　　4679
　　−3526

(8)　　2864
　　−1543

(9)　　6987
　　−5723

3 つぎのひき算をしなさい。

(1)
```
  5027
-1638
```

(2)
```
  4006
-2898
```

(3)
```
  7000
-4393
```

(4)
```
  3018
-2599
```

(5)
```
  7385
-2376
```

(6)
```
  8654
-3249
```

(7)
```
  5078
-1583
```

(8)
```
  1000
-  365
```

(9)
```
  6430
-1869
```

(10)
```
  3000
-  549
```

(11)
```
  4008
-  372
```

(12)
```
  9200
-  283
```

(13)
```
  7100
-  472
```

(14)
```
  6201
-  683
```

(15)
```
  8412
-  595
```

4 れなさんのちょ金は6120円で，お姉さんのちょ金は9185円です。
お姉さんのちょ金は，れなさんより何円多いですか。
(式)

答え [   ]

25

⏰ 時 間 25分
👍 合かく80点
✏とく点

点

1 つぎのひき算をしなさい。(32点/1つ4点)

(1)
$$\begin{array}{r} 9063 \\ -7493 \\ \hline \end{array}$$

(2)
$$\begin{array}{r} 8000 \\ -5481 \\ \hline \end{array}$$

(3)
$$\begin{array}{r} 4030 \\ -1871 \\ \hline \end{array}$$

(4)
$$\begin{array}{r} 5246 \\ -2547 \\ \hline \end{array}$$

(5)
$$\begin{array}{r} 5661 \\ -4754 \\ \hline \end{array}$$

(6)
$$\begin{array}{r} 6376 \\ -1388 \\ \hline \end{array}$$

(7)
$$\begin{array}{r} 6054 \\ -2956 \\ \hline \end{array}$$

(8)
$$\begin{array}{r} 9000 \\ -\ \ \ 89 \\ \hline \end{array}$$

2 つぎの計算をしなさい。(16点/1つ4点)

(1) 1027−539−62

(2) 3715−1505−43

(3) 1362−354−301

(4) 4829−804−1412

3 つぎの☐にあてはまる数を書きなさい。(12点/1つ6点)

(1)
$$\begin{array}{r} 7\ \square\ 8\ \square \\ -\ 3\ 2\ \square\ 5 \\ \hline \square\ 2\ 6\ 4 \end{array}$$

(2)
$$\begin{array}{r} \square\ 1\ 7\ 5 \\ -\ \ \ \ \square\ 9 \\ \hline 3\ \square\ 4\ \square \end{array}$$

4 たけるさんの町の人数は，男の人が 4585 人で，女の人が 4048 人です。たけるさんの町の人数は，もう何人ふえると 9000 人になりますか。(10点)

（式）

答え〔　　　　　　　　〕

5 ゆいさんの学校では，今月あきかんを 1206 こ集めました。これは，先月より 142 こ多いそうです。先月は，あきかんを何こ集めましたか。(10点)

（式）

答え〔　　　　　　　　〕

6 植物公園をおとずれた人の数を調べました。すると，晴れた日曜日は，2855 人，雨の日曜日は，794 人でした。どちらが何人多くおとずれましたか。(10点)

（式）

答え〔　　　　　　　　〕

 7 ただしさんは，ちょ金を 7600 円していました。本を買うために，2400 円出しました。けれども，思った本がなくて，1800 円の本を 1 さつ買って，のこりをちょ金しました。ちょ金は，どれだけになりましたか。(10点)

（式）

答え〔　　　　　　　　〕

⏱ 時　間 25分　✏ とく点
👍 合かく80点　　　　点

❶ つぎの数を数字で書きなさい。(8点/1つ4点)

(1) 三千九百二十七万四千　　　(2) 六千二百万八千七

〔　　　　　　　　〕　　〔　　　　　　　　〕

❷ 下の数直線で，(1)，(2)の目もりが表している数を書きなさい。

(8点/1つ4点)

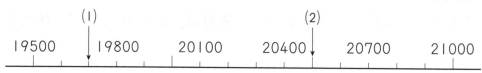

(1)〔　　　　　　〕　(2)〔　　　　　　〕

❸ ある町の小学校の男子と女子の児童数は，右のようになっています。

(24点/1つ8点)

	男子	女子
西小学校	245人	213人
南小学校	308人	292人
東小学校	351人	247人

(1) 西小学校の児童数は全部で何人ですか。
(式)

答え〔　　　　　　　　〕

(2) 南小学校は，男子と女子ではどちらが何人多いですか。
(式)

答え〔　　　　　　　　〕

(3) 児童数がいちばん多い小学校はどこですか。

〔　　　　　　　　〕

4 つぎの計算をしなさい。(30点/1つ5点)

(1)
```
  4654
+ 1276
```

(2)
```
  2876
+ 5129
```

(3)
```
  7634
+  366
```

(4)
```
  6904
- 3268
```

(5)
```
  4236
- 1247
```

(6)
```
  7063
- 2068
```

5 たけしさんの学校に，1000まいずつたばになった用紙がたくさんあります。(10点/1つ5点)

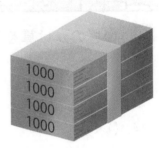

(1) この用紙が10たばでは，用紙は何まいになりますか。

〔　　　　　　　　〕

(2) 1000たばでは，用紙は何まいになりますか。

〔　　　　　　　　〕

6 まさるさんの町の男の人は3457人で，女の人は3813人です。どちらが何人多いですか。(10点)

(式)

答え〔　　　　　　　　〕

7 ひろこさんは，2864円ちょ金しています。今月はさらに352円ちょ金をしました。ちょ金は何円になりましたか。(10点)

(式)

答え〔　　　　　　　　〕

6 かけ算のきまり

☑ 1のだんから9のだんまでの**九九のつくり方**や**九九**を思い出します。
☑ **0のかけ算，10のかけ算**がわかるようにします。
☑ **かけ算のきまり**を見つけて使えるようにします。

ステップ1

1 つぎのかけ算をしなさい。

(1) 1×3

(2) 5×1

(3) 6×0

(4) 0×7

(5) 4×1

(6) 3×0

(7) 0×8

(8) 1×8

(9) 9×1

(10) 0×0

(11) 1×6

(12) 9×0

2 つぎの□にあてはまる数を書きなさい。

(1) 7×3＝7×2+□

(2) 5×4＝5×3+□

(3) 6×7＝6×6+□

(4) 4×2＝4×1+□

(5) 3×5＝3×6−□

(6) 9×7＝9×8−□

(7) 2×8＝2×9−□

(8) 8×6＝8×7−□

3 つぎの□にあてはまる数を書きなさい。

(1) $6 \times 2 = 2 \times \boxed{}$

(2) $8 \times 4 = 4 \times \boxed{}$

(3) $4 \times 5 = 5 \times \boxed{}$

(4) $7 \times 6 = 6 \times \boxed{}$

(5) $8 \times 1 = \boxed{} \times 8$

(6) $9 \times 3 = \boxed{} \times 9$

(7) $3 \times 2 = \boxed{} \times 3$

(8) $5 \times 7 = \boxed{} \times 5$

4 つぎの□にあてはまる数を書きなさい。

(1) $5 \times (3 \times 3) = 5 \times \boxed{}$

(2) $2 \times 4 \times 6 = \boxed{} \times 6$

(3) $3 \times (4 \times 2) = 3 \times \boxed{}$

(4) $3 \times 3 \times 7 = \boxed{} \times 7$

(5) $6 \times (2 \times 2) = 6 \times \boxed{}$

(6) $3 \times 2 \times 8 = \boxed{} \times 8$

5 つぎのかけ算をしなさい。

(1) 10×7

(2) 4×10

(3) 10×3

(4) 8×10

(5) 10×5

(6) 2×10

(7) 10×6

(8) 0×10

(9) 1×10

ステップ**2**

時　間 25分　✎とく点

👍合かく80点　　　　　点

1 つぎのかけ算をしなさい。(27点/1つ3点)

(1) 1×4

(2) 0×5

(3) 5×10

(4) 1×0

(5) 6×1

(6) 10×8

(7) 7×10

(8) 0×2

(9) 3×1

2 つぎのかけ算をしなさい。(12点/1つ3点)

(1) 9×(2×4)

(2) 6×(4×2)

(3) 7×(3×2)

(4) 8×(2×2)

3 つぎの□にあてはまる数を書きなさい。(24点/1つ3点)

(1) 9×□=5×9

(2) 10×□=4×10

(3) □×7=7×8

(4) □×3=3×4

(5) 5×□=5×5+5

(6) 7×□=7×9−7

(7) □×4=3×3+3

(8) □×3=8×4−8

4 かけ算の式に書いて，答えをだしなさい。(12点/1つ4点)

(1) 5の10倍

(式)

答え [   ]

(2) 0の6倍

(式)

答え [   ]

(3) 8の9倍

(式)

答え [   ]

5 さやかさんは1たば10まいの色紙を6たば持っています。色紙は何まいありますか。(5点)

(式)

答え [   ]

6 8×10の答えは80です。これを使って，つぎの問題をときなさい。

(10点/1つ5点)

(1) 1まい8円の画用紙を11まい買うと，いくらはらえばよいですか。

(式)

答え [   ]

(2) 1まい12円の画用紙を8まい買うと，いくらはらえばよいですか。

(式)

答え [   ]

7 あいさんのノートに 10×3=30 という式が書いてありました。どのような問題をといたのでしょう。問題文を考えなさい。(10点)

[

]

7 かけ算の筆算 ①

> 学習の
> ねらい

☑ 何十や何百に１けたの数をかけるかけ算ができるようにします。
☑ ２けたの数や３けたの数に，１けたの数をかけるかけ算ができるようにします。

ステップ1

1 つぎのかけ算をしなさい。

(1) 20×5　　　(2) 70×7　　　(3) 80×2

(4) 30×3　　　(5) 9×40　　　(6) 4×50

(7) 5×30　　　(8) 6×90

2 つぎの◻にあてはまる数を書きなさい。

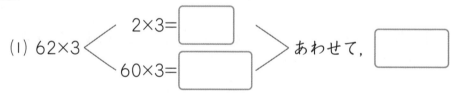

(1) 62×3 ⟨ 2×3=◻　60×3=◻ ⟩ あわせて，◻

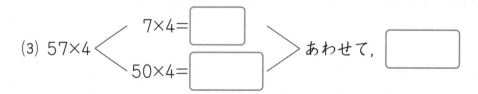

(2) 74×6 ⟨ 4×6=◻　70×6=◻ ⟩ あわせて，◻

(3) 57×4 ⟨ 7×4=◻　50×4=◻ ⟩ あわせて，◻

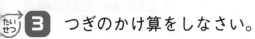

3 つぎのかけ算をしなさい。

(1)
```
  84
×  2
```

(2)
```
  42
×  3
```

(3)
```
  63
×  3
```

(4)
```
  72
×  4
```

(5)
```
  21
×  8
```

(6)
```
  54
×  7
```

(7)
```
  16
×  4
```

(8)
```
  36
×  7
```

(9)
```
  48
×  5
```

(10)
```
  57
×  6
```

(11)
```
  28
×  9
```

(12)
```
  74
×  3
```

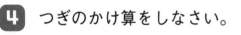

4 つぎのかけ算をしなさい。

(1)
```
  472
×   5
```

(2)
```
  615
×   6
```

(3)
```
  375
×   4
```

(4)
```
  737
×   2
```

(5)
```
  404
×   3
```

(6)
```
  604
×   8
```

(7)
```
  662
×   3
```

(8)
```
  493
×   8
```

ステップ **2**

🕐 時 間 25分　　✏ とく点

👍 合かく 80点　　　　　点

1 つぎのかけ算をしなさい。(15点/1つ3点)

(1) 30×8　　　　(2) 70×2　　　　(3) 9×60

(4) 500×5　　　　　　(5) 400×7

2 つぎのかけ算をしなさい。(24点/1つ3点)

(1)　　72
　　×　8

(2)　　67
　　×　4

(3)　　82
　　×　7

(4)　　65
　　×　3

(5)　　68
　　×　2

(6)　　63
　　×　5

(7)　　58
　　×　7

(8)　　39
　　×　9

3 つぎのかけ算をしなさい。(24点/1つ3点)

(1)　　310
　　×　　3

(2)　　423
　　×　　8

(3)　　142
　　×　　6

(4)　　384
　　×　　9

(5)　　670
　　×　　7

(6)　　654
　　×　　6

(7)　　283
　　×　　8

(8)　　462
　　×　　5

4 つぎの□にあてはまる数を書きなさい。(12点/1つ4点)

(1)
```
   □ 5 3
 ×     9
 7 6 7 7
```

(2)
```
   □ 7 9
 ×     6
 1 6 7 4
```

(3)
```
   □ 4 5
 ×     5
 1 7 2 5
```

5 絵はがきを7まい買いました。絵はがきは，どれも1まい65円です。いくらはらえばよいですか。(6点)

(式)

答え [　　　　　　　]

6 1つの車両に136人乗れる電車があります。車両を6つつないだ電車では，みんなで何人乗れますか。(6点)

(式)

答え [　　　　　　　]

7 1さら280円のりんごを，4さら分買いました。全部で何円はらえばよいですか。(6点)

(式)

答え [　　　　　　　]

8 色紙がたくさんあります。この色紙を40まいずつのたばにすると，8たばできて20まいのこりました。色紙は全部で何まいありますか。

(7点)

(式)

答え [　　　　　　　]

8 かけ算の筆算 ②

学習の
ねらい
- ☑2けたの数をかけるかけ算ができるようにします。
- ☑2けたの数をかけるかけ算の筆算は，一の位のかけ算と十の位のかけ算とに分けて計算します。

ステップ1

1 つぎのかけ算をしなさい。

(1) 63×70

(2) 54×80

(3) 38×60

(4) 36×50

(5) 27×40

(6) 73×20

2 38×45 の計算のしかたをつぎのように考えました。□にあてはまる数を書きなさい。

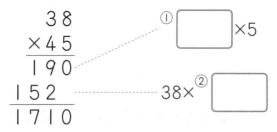

```
    3 8
  × 4 5
  ─────
  1 9 0
  1 5 2
  ─────
  1 7 1 0
```

① [　]×5

38×② [　]

3 つぎのかけ算をしなさい。

(1)
```
    5 8
  × 3 4
```

(2)
```
    6 9
  × 2 7
```

(3)
```
    4 2
  × 8 3
```

4 つぎの計算をしなさい。たしかめもしなさい。

(1)　　74　　（たしかめ）
　　×36

(2)　　87　　（たしかめ）
　　×46

(3)　　92　　（たしかめ）
　　×38

(4)　　25　　（たしかめ）
　　×76

5 つぎの計算をしなさい。

(1)　　516
　　×　34

(2)　　784
　　×　57

(3)　　367
　　×　64

(4)　　489
　　×　23

(5)　　635
　　×　48

(6)　　734
　　×　79

1 つぎのかけ算をしなさい。(60点/1つ5点)

(1)
$$\begin{array}{r} 43 \\ \times 17 \\ \hline \end{array}$$

(2)
$$\begin{array}{r} 68 \\ \times 29 \\ \hline \end{array}$$

(3)
$$\begin{array}{r} 56 \\ \times 43 \\ \hline \end{array}$$

(4)
$$\begin{array}{r} 18 \\ \times 18 \\ \hline \end{array}$$

(5)
$$\begin{array}{r} 132 \\ \times 60 \\ \hline \end{array}$$

(6)
$$\begin{array}{r} 845 \\ \times 59 \\ \hline \end{array}$$

(7)
$$\begin{array}{r} 658 \\ \times 65 \\ \hline \end{array}$$

(8)
$$\begin{array}{r} 728 \\ \times 37 \\ \hline \end{array}$$

(9)
$$\begin{array}{r} 506 \\ \times 76 \\ \hline \end{array}$$

(10)
$$\begin{array}{r} 903 \\ \times 82 \\ \hline \end{array}$$

(11)
$$\begin{array}{r} 480 \\ \times 92 \\ \hline \end{array}$$

(12)
$$\begin{array}{r} 530 \\ \times 86 \\ \hline \end{array}$$

2 つぎの計算をしなさい。(12点/1つ6点)

(1) $13 \times 23 \times 38$

(2) $436 \times (13 \times 7)$

3 １本 45 円のえん筆を３ダース買いました。お金は全部で何円はらえばよいですか。(7点)

(式)

答え〔　　　　　　　〕

4 あおいさんの組の人数は 38 人です。遠足のひ用として，１人 650 円ずつ集めることになりました。全部で何円集まることになりますか。(7点)

(式)

答え〔　　　　　　　〕

5 はり金を使った工作をすることになりました。１人分に 135 cm のはり金を使うことにしました。みのるさんの組は，みんなで 36 人います。工作に使うはり金は全部で何 m 何 cm ひつようですか。(7点)

(式)

答え〔　　　　　　　〕

6 １さつ 95 円のノートを１人に２さつずつ配ります。３年生は，みんなで 158 人います。３年生全員に配るノートのお金は，全部で何円になりますか。(7点)

(式)

答え〔　　　　　　　〕

STEP 3 **6~8 ステップ3**

1 つぎのかけ算をしなさい。(21点/1つ3点)

(1) 9×1　　　(2) 0×8　　　(3) 2×10

(4) $4 \times (3 \times 3)$　　　(5) $3 \times (5 \times 2)$

(6) $7 \times (8 \times 0)$　　　(7) $6 \times (4 \times 2)$

2 つぎの□にあてはまる数を書きなさい。(12点/1つ3点)

(1) $4 \times \boxed{} = 4 \times 6 + 4$　　　(2) $7 \times 3 = 7 \times \boxed{} - 7$

(3) $8 \times 3 = 3 \times \boxed{}$　　　(4) $\boxed{} \times 9 = 9 \times 5$

3 つぎのかけ算をしなさい。(36点/1つ4点)

(1)
```
  28
×  3
```

(2)
```
  63
×  7
```

(3)
```
 867
×   2
```

(4)
```
 908
×   5
```

(5)
```
  97
×37
```

(6)
```
  76
×62
```

(7)
```
 449
× 81
```

(8)
```
 906
× 95
```

(9)
```
 587
× 34
```

4 つぎの計算のまちがいを見つけ，正しい答えを書きなさい。

(12点/1つ4点)

(1)
```
      95
   ×  38
     760
     285
    2610
```

(2)
```
     956
   ×  63
    2758
    5736
   60118
```

(3)
```
     387
   ×  89
    3096
    3483
   37926
```

5 つぎの□にあてはまる数を書きなさい。(8点/1つ4点)

(1)
```
     2 □ 7
   ×     4
   1 0 6 8
```

(2)
```
     5 □ 3
   ×     8
   4 7 4 4
```

6 右手と左手にそれぞれ2こずつ風船を持った子どもが，3人います。風船は全部で何こありますか。(5点)

（式）

答え［　　　　　　　　］

7 3年生は，全員で143人います。3年生全員に，1まい78円のクッキーを1まいずつ配るには，何円かかりますか。(6点)

（式）

答え［　　　　　　　　］

わり算 ①

ステップ**1**

1 つぎの問題を読み，式を書いて答えをもとめなさい。

(1) 12まいの色紙を3人で同じ数ずつ分けます。1人何まいずつになりますか。

（式）

答え〔　　　　　　　　　〕

(2) 12まいの色紙を3まいずつ分けると，何人に分けられますか。

（式）

答え〔　　　　　　　　　〕

2 かけ算の九九を使って，□にあてはまる数を書きなさい。

(1) 5×□=35

(2) 3×□=21

(3) 9×□=45

(4) 7×□=28

(5) □×6=42

(6) □×4=16

(7) □×8=56

(8) □×6=54

3 つぎの□にあてはまる数を書きなさい。

(1) 9 人× □ ＝81 人

(2) 3 本× □ ＝18 本

(3) 6 cm× □ ＝12 cm

(4) 4 こ× □ ＝12 こ

(5) □ 円×8＝40 円

(6) □ 人×5＝10 人

(7) □ m×7＝63 m

(8) □ 本×4＝36 本

4 つぎのわり算をしなさい。

(1) 27÷3

(2) 24÷8

(3) 28÷4

(4) 45÷5

(5) 54÷6

(6) 63÷7

(7) 28÷7

(8) 72÷9

(9) 48÷6

(10) 20÷5

(11) 56÷8

(12) 15÷3

5 つぎのわり算をしなさい。

(1) 0÷5

(2) 8÷8

(3) 4÷1

(4) 7÷7

(5) 0÷3

(6) 9÷1

答え ➡ べっさつ11ページ

ステップ2

月 日

⏰時 間 25分
👍合かく 80点

✏とく点

点

1 つぎのわり算をしなさい。(36点/1つ4点)

(1) 16÷2

(2) 21÷3

(3) 12÷6

(4) 10÷2

(5) 32÷4

(6) 8÷1

(7) 30÷6

(8) 81÷9

(9) 0÷6

2 答えが 2, 3, 4, 5 になるわり算を集めなさい。(24点/1つ6点)

9÷3	12÷4	8÷2	30÷6	40÷8
10÷5	16÷4	18÷6	21÷7	25÷5
14÷7	24÷6	36÷9	18÷9	24÷8
5÷1	27÷9	32÷8	15÷3	16÷8

(1) 2 … [   ]

(2) 3 … [   ]

(3) 4 … [   ]

(4) 5 … [   ]

3 あきらさんの組の人数は 32 人です。1 列に 8 人ずつならぶと何列できますか。(6点)

(式)

答え [   ]

46

4 長さが 36 cm のひもがあります。このひもを同じ長さになるように 4本に切ると，1本分は何 cm になりますか。(6点)

（式）

答え〔　　　　　　〕

5 いすが 42 きゃくあります。6人で運びます。だれもが同じ数ずつ運ぶには，1人が何きゃくずつ運べばよいですか。(6点)

（式）

答え〔　　　　　　〕

6 63 ページの本を，1日に9ページずつ読むことにしました。この本は何日で読み終わりますか。(6点)

（式）

答え〔　　　　　　〕

 **7** 20人のお客さんを，自動車で駅まで送ることになりました。1台に4人ずつ乗ると，自動車は何台いりますか。(8点)

（式）

答え〔　　　　　　〕

8 45 まいの色紙を，9人のこどもに同じように配ります。1人分は何まいになりますか。(8点)

（式）

答え〔　　　　　　〕

10 わり算 ②

- ✅ あまりのあるわり算ができるようにします。
- ✅ あまりのあるわり算のたしかめができるようにします。

ステップ1

1 つぎの問題を読み，式を書いて答えをもとめなさい。

(1) みかんが40こあります。1ふくろに6こずつつめると，何ふくろできて，何こあまりますか。

（式）

答え〔　　　　　　　　　　　　　　〕

(2) おかしが15こあります。このおかしを4人で同じ数ずつ分けると，1人何こずつで，何こあまりますか。

（式）

答え〔　　　　　　　　　　　　　　〕

2 つぎのわり算をしなさい。あまりもだしなさい。

(1) 47÷5

(2) 30÷8

(3) 20÷3

(4) 66÷7

(5) 36÷5

(6) 39÷4

(7) 23÷3

(8) 74÷8

(9) 70÷9

(10) 34÷6

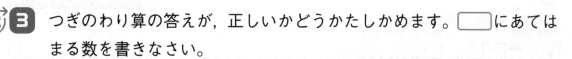

3 つぎのわり算の答えが，正しいかどうかたしかめます。□にあてはまる数を書きなさい。

(1) 60÷8=7 あまり 4

（たしかめ）

| | × | | + | | = | |

(2) 37÷8=4 あまり 5

（たしかめ）

| | × | | + | | = | |

4 つぎのわり算をしなさい。答えのたしかめもしなさい。

(1) 55÷7　　　　　　　　　　(2) 40÷6

（たしかめ）　　　　　　　　　（たしかめ）

5 色紙が50まいあります。6人のこどもに同じ数ずつ分けると，1人何まいずつで，何まいあまりますか。

（式）

答え [　　　　　　　　　　　　　]

6 30 m のひもがあります。このひもから，4 m の短いひもをつくります。短いひもは何本できて，何 m あまりますか。

（式）

答え [　　　　　　　　　　　　　]

ステップ**2**

月　日　答え ➡ べっさつ12ページ

⏱時 間 25分
👍合かく80点

✏とく点

点

1 つぎのわり算をしなさい。わり切れないときは，あまりもだしなさい。

(36点/1つ3点)

(1) 32÷5

(2) 38÷6

(3) 40÷7

(4) 27÷3

(5) 21÷4

(6) 30÷9

(7) 20÷8

(8) 19÷2

(9) 38÷5

(10) 26÷3

(11) 52÷7

(12) 25÷4

2 つぎの□にあてはまる数を書きなさい。(36点/1つ3点)

(1) □÷5=5 あまり 2

(2) 47÷□=6 あまり 5

(3) 60÷□=6 あまり 6

(4) 28÷3=9 あまり □

(5) □÷8=7 あまり 5

(6) 70÷□=8 あまり 6

(7) 40÷7=5 あまり □

(8) □÷9=8 あまり 3

(9) 25÷□=8 あまり 1

(10) 34÷5=6 あまり □

(11) □÷7=4 あまり 2

(12) 17÷□=8 あまり 1

3 36 まいの色紙を 5 人で同じ数ずつ分けると，1 人何まいずつで，何まいのこりますか。(5点)

(式)

答え [   ]

4 70 円で 1 こ 8 円のあめを買うと，何こ買えて，いくらあまりますか。
(5点)

(式)

答え [   ]

5 48 このクッキーを，5 つのふくろに同じ数ずつ分けます。1 つのふくろは何こずつで，何こあまりますか。(6点)

(式)

答え [   ]

6 おはじきが 43 こあります。(12点/1つ6点)

(1) 5 人で同じ数ずつ分けると，1 人何こずつで，何こあまりますか。

(式)

答え [   ]

(2) 6 こずつ分けると，何人に分けられて，何こあまりますか。

(式)

答え [   ]

わり算 ③

☑何十÷1けたの数 の計算ができるようにします。
☑十の位と一の位が，ともにわり切れるわり算の計算ができるように
します。

1 つぎの問題を読み，式を書いて答えをもとめなさい。

(1) 60まいの色紙を3人に同じ数ずつ分けます。1人何まいずつになり
ますか。
（式）

答え [　　　　　　　　]

(2) 60まいの色紙を3まいずつ分けると，何人に分けられますか。
（式）

答え [　　　　　　　　]

2 つぎの計算をしなさい。

(1) 40÷2　　　　　(2) 90÷3　　　　　(3) 50÷5

(4) 80÷4　　　　　(5) 20÷2　　　　　(6) 40÷4

(7) 60÷6　　　　　(8) 80÷2　　　　　(9) 60÷2

(10) 70÷7　　　　　(11) 30÷3　　　　　(12) 90÷9

3 つぎの◻️にあてはまる数を書きなさい。

(1) 2×◻️=60

(2) 3×◻️=90

(3) 7×◻️=70

(4) 4×◻️=80

(5) ◻️×8=80

(6) ◻️×3=60

(7) ◻️×2=40

(8) ◻️×5=50

4 つぎの計算をしなさい。

(1) 82÷2

(2) 46÷2

(3) 93÷3

(4) 48÷4

(5) 55÷5

(6) 36÷3

(7) 99÷9

(8) 28÷2

5 24このあめを, 2人で同じ数ずつ分けます。1人分は, 何こになりますか。

(式)

答え〔　　　　　　　〕

6 63このみかんを, 3つの箱に同じ数ずつ分けます。1箱分は, 何こになりますか。

(式)

答え〔　　　　　　　〕

11 わり算 ③

月　日　答え ➡ べっさつ12ページ

⏱時間25分　とく点
👍合かく80点　　点

1 つぎのわり算をしなさい。(48点/1つ4点)

(1) 80÷8　(2) 77÷7　(3) 84÷4

(4) 88÷4　(5) 66÷6　(6) 39÷3

(7) 63÷3　(8) 50÷5　(9) 60÷3

(10) 11÷1　(11) 22÷2　(12) 96÷3

2 答えが 12 になるわり算を，下から全部集めなさい。(8点)

36÷6	28÷4	48÷4
24÷2	48÷2	12÷1
39÷3	24÷6	36÷3

[　　　　　　　　　　　　]

3 80ページの本を，毎日同じページ数ずつ読んでいきます。4日間で読み終わるには，1日何ページずつ読めばよいですか。(8点)

(式)

答え [　　　　　　　　]

4 69 cm のリボンを，3 人で同じ長さずつ分けます。1 人分は，何 cm になりますか。(8点)

(式)

答え〔　　　　　　　〕

5 84 人の子どもが，2 台のバスに同じ人数ずつ，分かれて乗(の)ります。1 台に何人ずつ乗ればよいですか。(8点)

(式)

答え〔　　　　　　　〕

6 40 ぴきの赤い金魚と，28 ぴきの黒い金魚を，2 つの水そうに同じ数ずつ分けます。赤い金魚と黒い金魚を，それぞれ何びきずつ 1 つの水そうに入れればよいですか。(10点)

(式①)

(式②)

(答え)赤い金魚〔　　　　　　　〕　黒い金魚〔　　　　　　　〕

7 36 このクッキーを，たけしさん，ななさん，しんじさんの 3 人で分けます。(10点/1つ5点)

(1) たけしさんが「1 人 13 こだ」と言っています。正しいですか。

〔　　　　　　　〕

(2) (1)で答えた理由(りゆう)を書きなさい。

〔

〕

55

□を使った式

**学習の
ねらい**

☑ 数字で表されるいろいろな式を，ことばでまとめられることを知ります。

☑ ことばの式をじょうずに使うことができるようにします。

☑ □などを使った式の□をもとめることができるようにします。

ステップ 1

1 つぎの □ に，「代金」，「おつり」，「1つのねだん」から，あてはまる
ことばをえらんで書きなさい。

(1) だしたお金＝ [　　　　　　] ＋ [　　　　　　]

(2) [　　　　　　] ＝だしたお金－代金

(3) 全体のねだん＝ [　　　　　　] ×買った数

2 まり子さんは，1まい7円の画用紙を何まいか買って77円はらいま
した。画用紙を何まい買いましたか。

(1) 買った数を□として式を書きなさい。

〔　　　　　　　　　　　　　　　　〕

(2) □ をもとめなさい。

〔　　　　　　　　　　　　　　　　〕

3 つぎの □ にあてはまる数を書きなさい。

(1) [　　　] ＋27＝61

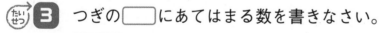
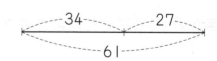

(2) 61－ [　　　] ＝27

4 つぎの □ にあてはまる数を書きなさい。

(1) 76+ □ =93

(2) □ +35=81

(3) 38+ □ =52

(4) □ +37=95

(5) 83− □ =18

(6) 63− □ =28

(7) □ −34=27

(8) □ −56=18

5 つぎの □ にあてはまる数を書きなさい。

(1) □ ×5=40

(2) □ ×4=36

(3) 7× □ =49

(4) 9× □ =180

6 ある数を □ として式を書き，ある数をもとめなさい。

(1) ある数に 13 をたすと 51 になります。

（式）

答え 〔   〕

(2) ある数に 7 をかけると 63 になります。

（式）

答え 〔   〕

1 つぎの□にあてはまる数を書きなさい。(40点/1つ4点)

(1) 84+□=135

(2) □+85=132

(3) □−28=52

(4) □−35=38

(5) 76−□=38

(6) 103−□=27

(7) □×8=32

(8) □×9=72

(9) 3×□=63

(10) 5×□=50

2 つぎの□にあてはまる数を書きなさい。(20点/1つ5点)

(1) □×4=100−16

(2) 63÷□=44−35

(3) □÷6=12+3

(4) 6×□=43+17

3 ある数を5でわると13になります。ある数を□として式に書いて, ある数をもとめなさい。(6点)

(式)

答え〔　　　　　　　〕

58

4 つぎの文を，□を使った式で書きなさい。また，□はどんな数ですか。

(10点/1つ5点)

(1) □に8をかけると，56になります。

(式)

答え〔　　　　　　　〕

(2) 75から□をひくと，18になります。

(式)

答え〔　　　　　　　〕

5 つぎの問題で，わからない数を□として，式に書いてから，□をもとめなさい。(18点/1つ6点)

(1) あかねさんは，同じえん筆を3本買って，150円はらいました。えん筆1本のねだんは，何円ですか。

(式)

答え〔　　　　　　　〕

(2) 長いひもがあります。同じ長さに4つに切りました。1本の長さが30cmになりました。はじめのひもの長さは，何cmありましたか。

(式)

答え〔　　　　　　　〕

(3) 同じりんごを8こ買って600円はらいました。おつりが40円でした。このりんご1このねだんは，何円ですか。

(式)

答え〔　　　　　　　〕

6 ある数を3でわるところをまちがえて4でわったので，答えが15あまり3になりました。ある数と正しい答えをもとめなさい。(6点)

(式)

(答え)ある数〔　　　　　〕　正しい答え〔　　　　　〕

1 つぎのわり算をしなさい。(27点/1つ3点)

(1) 32÷8　　(2) 24÷6　　(3) 64÷8

(4) 7÷7　　(5) 20÷5　　(6) 54÷9

(7) 0÷4　　(8) 60÷3　　(9) 99÷3

2 右の正方形のまわりの長さは，20cm あります。正方形の1つの辺の長さは何cm ですか。(6点)

(式)

答え [　　　　　]

3 男子24人と，女子40人を，男女とも同じ人数ずつ2つのグループに分けます。1つのグループに，男子と女子がそれぞれ何人ずつになりますか。(6点)

(式)

(答え)男子 [　　　　] 女子 [　　　　]

4 赤いボールペンが42本，黒いボールペンが64本あります。2クラスに同じ数ずつ分けると，1クラスに，赤いボールペンと黒いボールペンはそれぞれ何本ずつに分けられますか。(6点)

(式)

(答え)赤 [　　　　] 黒 [　　　　]

5 つぎのわり算をしなさい。わり切れないときは，あまりもだしなさい。

(27点/1つ3点)

(1) 65÷9

(2) 26÷5

(3) 38÷7

(4) 41÷6

(5) 36÷4

(6) 42÷9

(7) 45÷7

(8) 71÷8

(9) 66÷9

6 えん筆が75本あります。このえん筆を9人で同じ数ずつ分けると，1人何本ずつで，何本のこりますか。(6点)

（式）

答え 〔   〕

 7 つぎの □ にあてはまる数を書きなさい。(16点/1つ4点)

(1) □×8=56

(2) 1243−□=683

(3) 4×□=17+31

(4) 63÷□=85−78

8 3人がある数について話しています。

あかねさん「ある数を8でわると9になります」

とうまさん「ある数を7でわると10になります」

まゆみさん「ある数を4でわると18になります」

同じ数について話しているのは，だれとだれですか。(6点)

〔   〕と〔   〕

13 時こくと時間

学習の
ねらい

☑時間と分とのかんけいを調(しら)べたり，分と秒(びょう)とのかんけいを調べたりします。

☑時間の計算について，たし算やひき算ができるようにします。

STEP 1
ステップ1

1 12時まで，あと何分ありますか。

(1)

(2)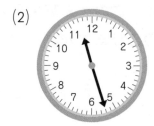

(3)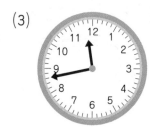

〔　　　　　〕　〔　　　　　〕　〔　　　　　〕

2 いまの時こくは，2時24分です。つぎの問いに答(と)えなさい。

(1) 20分たつと，何時何分ですか。

〔　　　　　〕

(2) 40分たつと，何時何分ですか。

〔　　　　　〕

(3) 30分前の時こくは，何時何分ですか。

〔　　　　　〕

3 午後3時25分から3時間たった時こくは，何時何分ですか。

〔　　　　　〕

4 つぎの□にあてはまる数を書きなさい。

(1) 2日= [   ] 時間

(2) 3時間= [   ] 分

(3) 4分= [   ] 秒（びょう）

(4) 2分30秒= [   ] 秒

(5) 75分= [   ] 時間 [   ] 分

5 つぎの計算をしなさい。

(1)
```
  時  分
  3  10
+ 6  20
———————
```

(2)
```
  分  秒
  1  40
+ 6  50
———————
```

(3)
```
  時  分
  9  50
- 3  30
———————
```

(4)
```
  分  秒
  8  20
- 2  30
———————
```

6 みきおさんは学校に午前8時25分に着（つ）きました。しおりさんは，みきおさんより12分早く着きました。しおりさんは学校に午前何時何分に着きましたか。

〔   〕

7 せいやさんの家のそうじきは，じゅう電に9分45秒かかります。いまの時こくは午前10時10分10秒です。いまからじゅう電したら午前何時何分何秒にじゅう電が終（お）わりますか。

〔   〕

STEP 2

ステップ 2

時　間 25分　⏱とく点
合かく 80点　　　点

1 つぎの ⬚ にあてはまる数を書きなさい。(20点/1つ4点)

(1) 2時間 = ⬚ 分

(2) 3日 = ⬚ 時間

(3) 1時間20分 = ⬚ 分

(4) 105分 = ⬚ 時間 ⬚ 分

(5) 73秒 = ⬚ 分 ⬚ 秒

2 つぎの計算をしなさい。(42点/1つ7点)

(1)
```
時  分
 5 42
+3  8
```

(2)
```
  分 秒
 18 25
+25 15
```

(3)
```
時  分
 3 30
+2 40
```

(4)
```
  分 秒
 18 40
- 8 30
```

(5)
```
 時  分
 17 35
- 9 15
```

(6)
```
 分 秒
20 30
- 8 50
```

3 学校の1時間目の勉強は，9時に始まります。45分間勉強して，10分間休みます。2時間目が始まるのは，何時何分ですか。(8点)

[　　　　　　　]

4 まなさんは，午後6時40分から，午後8時10分まで，勉強をしました。勉強をした時間は，何時間何分ですか。(8点)

〔　　　　　　　　　　〕

5 まことさんが学校から家に帰ったら，おばさんが来ていました。まことさんが家に帰った時こくは，午後3時15分でした。おばさんが来たのは，それより1時間5分前だったそうです。おばさんが，まことさんの家に来たのは，午後何時何分ですか。(8点)

〔　　　　　　　　　　〕

6 はるかさんは4時に歯医者をよやくしました。家から歯医者まで17分かかります。(14点/1つ7点)

(1) よやく時間の5分前に歯医者に着くには，家を何時何分に出ればよいですか。

〔　　　　　　　　　　〕

(2) 歯医者を出たのはよやく時間から25分たった時こくでした。家には何時何分に着きますか。

〔　　　　　　　　　　〕

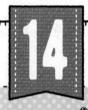

月　　日　答え ➡ べっさつ16ページ

14 長さ

学習のねらい

- ✓**まきじゃく**の使い方を知ったり，mm，cm，m，km のかんけいを知ります。
- ✓**道のり**と**きょり**とのちがいをはっきりさせます。
- ✓長さを，たし算やひき算を使ってもとめることを学習します。

ステップ 1

1 つぎの図は，まきじゃくの一部を表したものです。↓のところは，何m何cmですか。

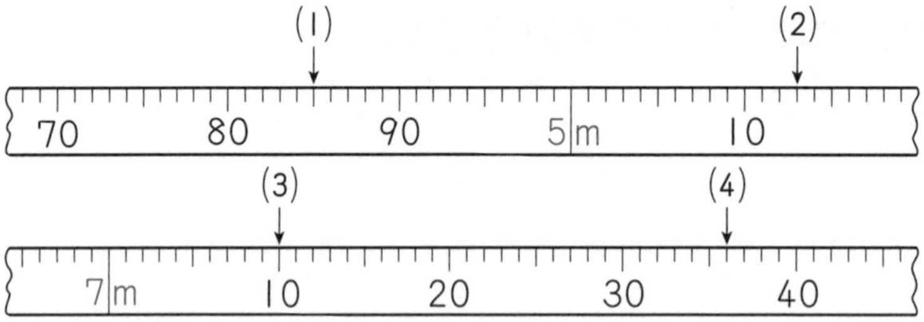

(1)［　　　　　　］　　(2)［　　　　　　］

(3)［　　　　　　］　　(4)［　　　　　　］

2 つぎの□にあてはまるたんいを書きなさい。

(1) ノートのたての長さ …… 27□

(2) 車が1時間に進む道のり …… 50□

(3) 教室のたての長さ…… 8□

(4) 教科書のあつさ ……4□

3 つぎの ☐ にあてはまる数を書きなさい。

(1) 3000 m = ☐ km

(2) 2450 m = ☐ km ☐ m

(3) 8 km = ☐ m

(4) 2 km 80 m = ☐ m

(5) 1 km = ☐ m = ☐ cm = ☐ mm

4 ----は，まっすぐにはかった長さです。——は，道にそってはかった長さです。

家　　　650m　　　学校

800m

(1) 道のりは，何mですか。

〔　　　　　　　〕

(2) きょりは，何mですか。

〔　　　　　　　〕

(3) どちらが何m長いですか。
(式)

答え〔　　　　　　　〕

ステップ2

時 間 25分
合かく 80点
とく点
点

1 つぎの □ にあてはまる数を書きなさい。(30点/1つ5点)

(1) 2368 m= [　　] km [　　　　] m

(2) 3006 m= [　　] km [　　　　] m

(3) 6 km 236 m= [　　　] m

(4) 1 km 5 m= [　　　] m

(5) 3 m 15 cm 6 mm= [　　　] mm

(6) 4071 mm= [　　] m [　　] cm [　　] mm

2 つぎの2つの長さの大小を，不等号(＞，＜)で表しなさい。

(10点/1つ5点)

(1) 3 km 20 m [　] 320 m　　(2) 5060 m [　] 5 km 600 m

3 ゆうとさんの家から学校までは，右の図のとおりです。(10点/1つ5点)

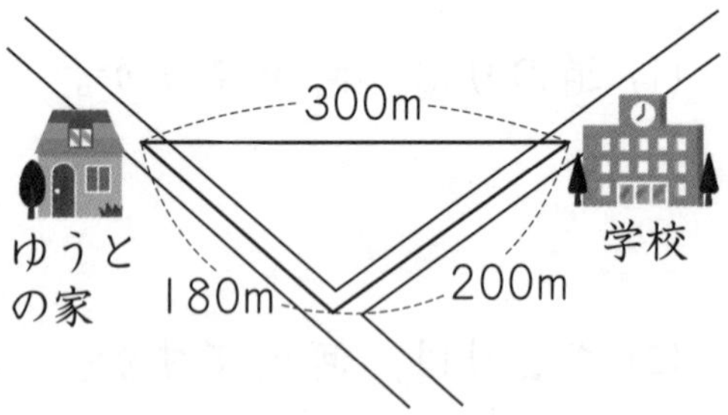

(1) ゆうとさんの家から学校までの道のりは，何 m ですか。
(式)

答え [　　　　　　]

(2) ゆうとさんの家から学校までの道のりときょりとでは，どちらがどれだけ長いですか。
(式)

答え [　　　　　　]

図中: 300m　ゆうとの家　学校　180m　200m

4 下の図は，たろうさんが，道のりを調べてかいた図です。つぎの問題に答えなさい。（50点／1つ10点）

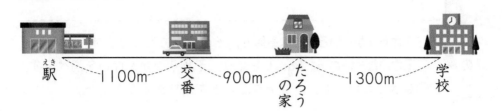

(1) 学校から交番まで，何 km 何 m ありますか。
　　（式）

　　　　　　　　　　　　　　　　　　答え〔　　　　　　　　〕

(2) 学校から駅までの道のりは，何 km 何 m ですか。
　　（式）

　　　　　　　　　　　　　　　　　　答え〔　　　　　　　　〕

(3) たろうさんの家から，学校までと，交番までとでは，どちらがどれだけ遠いですか。
　　（式）

　　　　　　　　　　　　　　　　　　答え〔　　　　　　　　〕

(4) たろうさんの家から，学校までと，駅までとでは，どちらがどれだけ近いですか。
　　（式）

　　　　　　　　　　　　　　　　　　答え〔　　　　　　　　〕

(5) たろうさんの家から駅までと，学校から交番までとでは，どちらがどれだけ遠いですか。
　　（式）

　　　　　　　　　　　　　　　　　　答え〔　　　　　　　　〕

15 重さ

📖 学習の
ねらい

- ✅重さをはかるいろいろな道具と，その使い方を知ります。
- ✅重さのたんいの g，kg，t を知り，それらのかんけいを調べます。
- ✅重さについても，計算できることを知ります。

ステップ1

1 つぎの図は台ばかりの目もりを表したものです。それぞれどれだけの
重さをさしていますか。

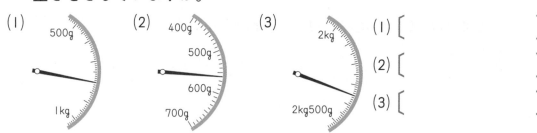

(1) [　　　　　　　　]

(2) [　　　　　　　　]

(3) [　　　　　　　　]

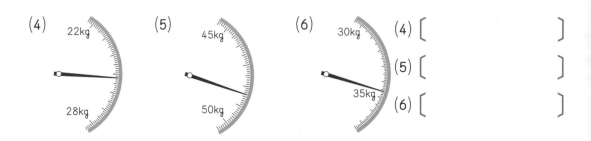

(4) [　　　　　　　　]

(5) [　　　　　　　　]

(6) [　　　　　　　　]

2 つぎの図は，ばねばかりの目もりを表したものです。それぞれどれだ
けの重さをさしていますか。

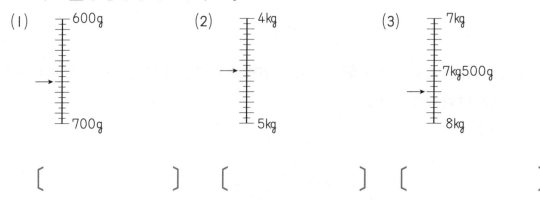

[　　　　　　　　]　　[　　　　　　　　]　　[　　　　　　　　]

3 つぎの□にあてはまる数を書きなさい。

(1) 3 kg= ⬚ g   (2) 9000 g= ⬚ kg

(3) 2 kg 400 g= ⬚ g

(4) 3680 g= ⬚ kg ⬚ g

(5) 1 t= ⬚ kg

4 つぎの□にあてはまるたんいを書きなさい。

(1) お父さんの体重……65 ⬚

(2) たまご1この重さ……62 ⬚

(3) 1円玉1まいの重さ……1 ⬚

5 つぎの2つの重さの大小を，不等号(＞，＜)で表しなさい。

(1) 3 kg ⬚ 3800 g   (2) 400 g ⬚ 1 kg

6 つぎの計算をしなさい。

(1) 4 kg+5 kg

(2) 700 g+2 kg 500 g

(3) 4 kg 60 g−1 kg 700 g

15 重さ

STEP 2

ステップ2

月　日　答え ➡ べっさつ17ページ

時間 25分　合かく80点　とく点　点

1 つぎの □ にあてはまる数を書きなさい。(30点/1つ3点)

(1) 8 kg = ☐ g

(2) 4 kg = ☐ g

(3) 7000 g = ☐ kg

(4) 2 kg 200 g = ☐ g

(5) 5 kg 85 g = ☐ g

(6) 4803 g = ☐ kg ☐ g

(7) 2 t = ☐ kg

(8) 6082 g = ☐ kg ☐ g

(9) 4050 g = ☐ kg ☐ g

(10) 7 kg 20 g = ☐ g

2 つぎの図のはりは, どれだけをさしていますか。(16点/1つ2点)

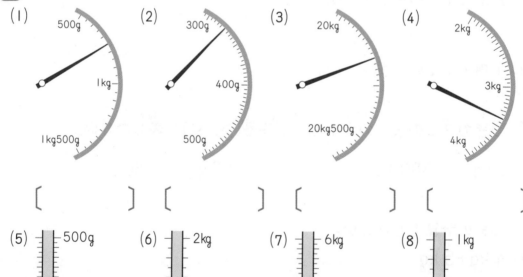

(1) [　　　]　(2) [　　　]　(3) [　　　]　(4) [　　　]

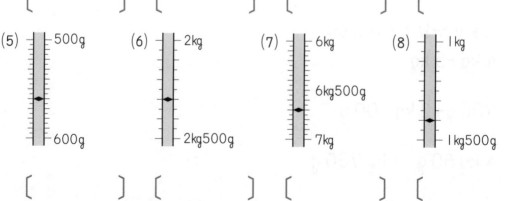

(5) [　　　]　(6) [　　　]　(7) [　　　]　(8) [　　　]

3 つぎの計算をしなさい。(25点/1つ5点)

(1) 7 kg 20 g＋3 kg 40 g

(2) 2 kg 80 g＋1 kg 600 g

(3) 5 kg 30 g－2 kg 680 g

(4) 13 kg－4 kg 20 g

(5) 8 kg－3 kg 700 g－1 kg 700 g

4 べん当の重さをはかったら，390 g ありました。べん当を食べてから，べん当箱の重さをはかったら，80 g ありました。中身の重さは，何 g ですか。(9点)

(式)

答え [   ]

5 りんごをかごに入れてはかったら，2 kg 500 g ありました。かごの重さは 250 g ありました。りんごの重さは何 kg 何 g ですか。(10点)

(式)

答え [   ]

6 そうたさんの体重は 28 kg で，弟は 19 kg です。お母さんは 2 人の体重をあわせたものより，5 kg 重いそうです。お母さんの体重は何 kg ですか。(10点)

(式)

答え [   ]

月　日　答え ➡ べっさつ17ページ

⏰ 時　間 30分　　✎ とく点

👍 合かく 80点　　　　　点

1 つぎの時間はどれだけですか。(12点/1つ6点)

(1)

から　　　　　　まで

〔　　　　　　　　〕

(2)

から　　　　　　まで

〔　　　　　　　　〕

2 つぎの ☐ にあてはまる数を書きなさい。(24点/1つ6点)

(1) 1250 m= ☐ km ☐ m　　(2) 3 km 80 m= ☐ m

(3) 5 m 4 mm= ☐ mm　　(4) 7006 mm= ☐ m ☐ mm

3 つぎの計算をしなさい。(16点/1つ8点)

(1)
```
  時  分  秒
  3 50 40
+ 1 15 40
```

(2)
```
  時  分  秒
 14  5 30
- 3 10 20
```

4 たくみさんは、お兄さんとスーパーに買い物に来ています。お兄さんがさいふをわすれていたので、家まで取りに帰ることになりました。いまの時こくは2時50分です。お兄さんが、スーパーから家までのきょりを8分で走るとすると、たくみさんは何時何分までまっていればよいですか。(8点)

〔　　　　　　　　〕

5 わたしの家から学校までは，640 m あります。学校から神社までは，280 m あります。家から学校の前を通って，神社へおまいりに行きました。(18点/1つ6点)

(1) 同じ道を通って家に帰ると，全部で何km何m歩きますか。
(式)

答え〔　　　　　　　　　〕

(2) 学校の前を通らずに公園を通りぬけて帰ると，全部で 1715 m になりました。帰りは何m歩きましたか。
(式)

答え〔　　　　　　　　　〕

(3) 家から神社まで行って帰ってくる道のりを(1)より短くするには，どのような道じゅんでいけばよいですか。

〔

〕

6 つぎのはりは，どれだけの重さを表していますか。(10点/1つ5点)

(1)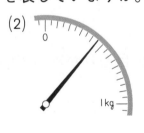

(2)

〔　　　　　〕　　　　　〔　　　　　〕

7 つぎの2つの重さの式の大小を，不等号(＞，＜)で表しなさい。

(12点/1つ6点)

(1) 3 kg+2 kg 300 g 〔　　〕 3 kg 60 g+2 kg 250 g

(2) 5 kg−3 kg 40 g 〔　　〕 540 g+1 kg 90 g

16 小 数

**学習の
ねらい**

⊘小数の意味や表し方を調べます。

⊘小数のしくみを理かいし，小数の大小をくらべることができるよう
　にします。

ステップ1

1 つぎの図は，目もりのしてあるコップに，水を入れたものです。水の
かさを小数で書きなさい。

(1)　⌐1dL

(2)　⌐1dL

(3)　⌐1dL

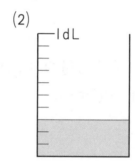
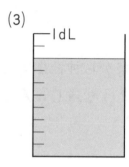

〔　　　　　　　〕　〔　　　　　　　　〕　〔　　　　　　　　　　　〕

2 つぎの図の↓の目もりが表している数を，小数で書きなさい。

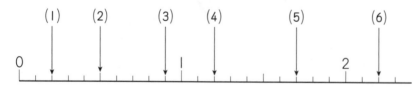

(1)　[　　　　　]　(2)　[　　　　　]　(3)　[　　　　　]　(4)　[　　　　　]

(5)　[　　　　　]　(6)　[　　　　　]

3 つぎの ☐ にあてはまる数を書きなさい。

(1) 4.8 の小数第一位の数字は ☐ です。

(2) 1 が 6 こと，0.1 が 4 こで ☐ です。

(3) 10 が 2 こと，0.1 が 6 こで ☐ です。

(4) 1.3 は 0.1 が ☐ こです。

(5) 0.1 を 57 こ集めた数は ☐ です。

4 つぎの 2 つの小数の大小を，不等号(＞，＜)で表しなさい。

(1) (0.4, 0.5)　　　　　　　　〔　　　　　　　　〕

(2) (1, 0.1)　　　　　　　　〔　　　　　　　　〕

(3) (0, 0.1)　　　　　　　　〔　　　　　　　　〕

(4) (2.3, 3.2)　　　　　　　　〔　　　　　　　　〕

(5) (6.1, 1.6)　　　　　　　　〔　　　　　　　　〕

月　日　答え ➡ べっさつ18ページ

⏰時 間 25分
👍合かく 80点

✏とく点

点

1 小さいじゅんにならべなさい。(16点/1つ4点)

(1) (0.7, 0.3, 0.5, 0.9)　　〔　　　　　　　　〕

(2) (0.4, 0.8, 0.6, 0.2)　　〔　　　　　　　　〕

(3) (3.3, 1.3, 0.3, 3.0)　　〔　　　　　　　　〕

(4) (3.7, 1, 0.5, 2.4)　　〔　　　　　　　　〕

2 つぎの□にあてはまる数を書きなさい。(24点/1つ3点)

(1) 2.6 cm = ☐ mm

(2) 46 mm = ☐ cm

(3) 1.2 L = ☐ dL

(4) 82 dL = ☐ L

(5) 0.3 m = ☐ cm

(6) 90 cm = ☐ m

(7) 5 L 3dL = ☐ L

(8) 2 km 400 m = ☐ km

3 つぎの図は，目もりのあるコップに，水を入れたものです。水のかさを小数で書きなさい。(10点/1つ5点)

(1) 1dL 1dL

(2) 1dL 1dL 1dL

〔   〕   〔   〕

4 つぎの図の↓の目もりが表している数を，小数で書きなさい。

(40点/1つ5点)

```
      (1)        (2)        (3)(4)      (5)        (6)  (7)  (8)
       ↓          ↓          ↓ ↓        ↓          ↓    ↓    ↓
  0    1          2          3          4          5
```

(1)〔   〕 (2)〔   〕 (3)〔   〕 (4)〔   〕
(5)〔   〕 (6)〔   〕 (7)〔   〕 (8)〔   〕

5 まことさんの水とうには 1.2 L，あけみさんの水とうには 0.5 L，ゆたかさんの水とうには 0.9 L お茶が入っています。(10点/1つ5点)

(1) お茶がいちばん多いのは，だれですか。

〔   〕

(2) お茶がいちばん少ないのは，だれですか。

〔   〕

17 小数のたし算とひき算

学習の
ねらい

✓小数のたし算は，整数と同じように同じ位どうしたして計算します。
✓小数のひき算は，整数と同じように同じ位どうしひいて計算します。

STEP 1 ステップ1

1 つぎのたし算をしなさい。

(1)　0.1
　　+0.4

(2)　1.3
　　+0.2

(3)　2.6
　　+1.1

(4)　1.5
　　+4.3

(5)　5.7
　　+0.3

(6)　2.2
　　+6.5

2 つぎのひき算をしなさい。

(1)　0.8
　　-0.4

(2)　1.7
　　-0.6

(3)　2.9
　　-1.3

(4)　3.6
　　-1.8

(5)　7.5
　　-3.1

(6)　8.8
　　-5.9

3 つぎのたし算をしなさい。

(1) 0.4+0.3

(2) 1+0.2

(3) 2.4+1.5

(4) 1.6+2

(5) 4.5+1.7

(6) 1.9+2.3

 4 つぎのひき算をしなさい。

(1) 0.9−0.3

(2) 2−0.5

(3) 4.2−3

(4) 1.9−1.3

(5) 2.7−1.5

(6) 3.6−2.1

 5 3.2 m の白いロープと 5.8 m の赤いロープがあります。

(1) 2本をつなげると何 m になりますか。ただし，むすび目の分の長さは考えません。
(式)

答え [   ]

(2) どちらのロープが何 m 長いですか。
(式)

答え [   ]

月　日　答え ➡ べっさつ19ページ

⏰時 間 25分
👍合かく 80点

✏とく点

点

 1 つぎのたし算をしなさい。(24点/1つ3点)

(1) 0.5+0.3

(2) 0.4+0.7

(3) 0.6+0.9

(4) 1.7+0.8

(5) 0.7+1.5

(6) 1.2+0.8

(7) 3.4+2.7

(8) 9.6+2.7

2 つぎのひき算をしなさい。(24点/1つ3点)

(1) 0.7−0.5

(2) 1.3−0.6

(3) 1.5−0.9

(4) 2.5−0.8

(5) 5.4−0.7

(6) 3.1−0.5

(7) 4.2−2.7

(8) 6.1−4.3

3 つぎの計算のまちがいを見つけ，正しい答えを書きなさい。

(24点/1つ4点)

(1)
```
   0.7
 + 0.7
 ─────
   1 4
```

(2)
```
   0.1
 + 0.5
 ─────
     6
```

(3)
```
   3.2
 +   2
 ─────
   3.4
```

(4)
```
   4.5
 − 2.6
 ─────
   2.1
```

(5)
```
   9.4
 −   3
 ─────
   9.1
```

(6)
```
   5.6
 − 2.3
 ─────
   3 3
```

4 つぎの計算をしなさい。(16点/1つ4点)

(1) 2.8＋3.4＋5.7

(2) 6.3−0.9−2.4

(3) 5.7−4.9＋3.5

(4) 2.6＋7.9−3.8

5 しょうゆが，2本のびんに入っています。アのびんには1.1L，イのびんには0.6L入っています。(12点/1つ4点)

(1) どちらのびんが何L多く入っていますか。
（式）

答え [   ]

(2) 2本のびんをあわせると，何Lになりますか。
（式）

答え [   ]

(3) 2Lのびんにアとイのしょうゆを入れました。あと何L入りますか。
（式）

答え [   ]

18 分　数

学習の
ねらい
- ☑分数の意味や表し方を調べます。
- ☑分数の**分母・分子**のことばや意味について調べます。
- ☑分数と小数のかんけいを調べます。

ステップ1

1 つぎの図のテープの長さは，どれも1mです。色をぬったところは，それぞれ何分の何mですか。

(1) 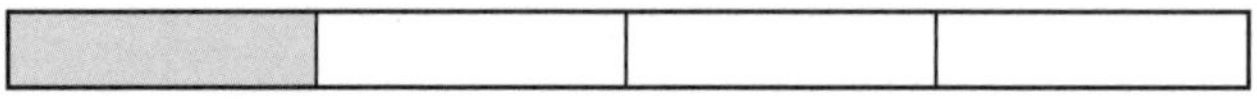 〔　　　　　　〕

(2)  〔　　　　　　〕

(3)  〔　　　　　　〕

(4) 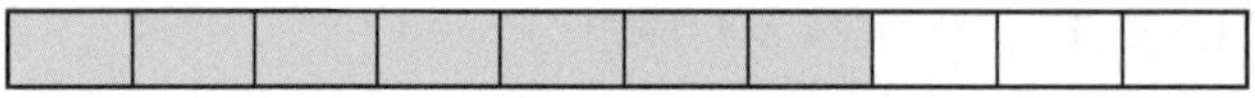 〔　　　　　　〕

2 つぎの図の左がわに書いてある分数を，**1**の図のように線をひいて，色をぬりなさい。

(1) $\dfrac{1}{2}$

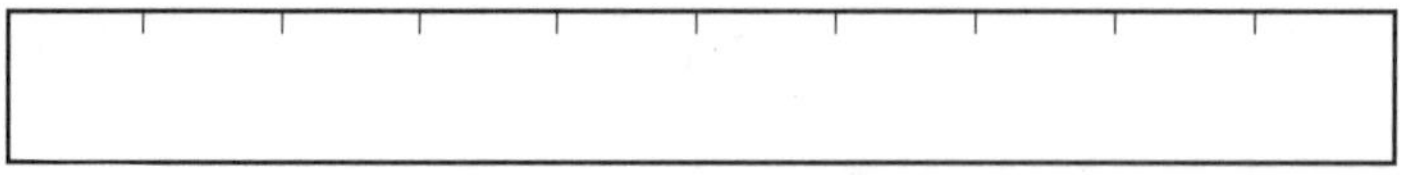

(2) $\dfrac{2}{3}$

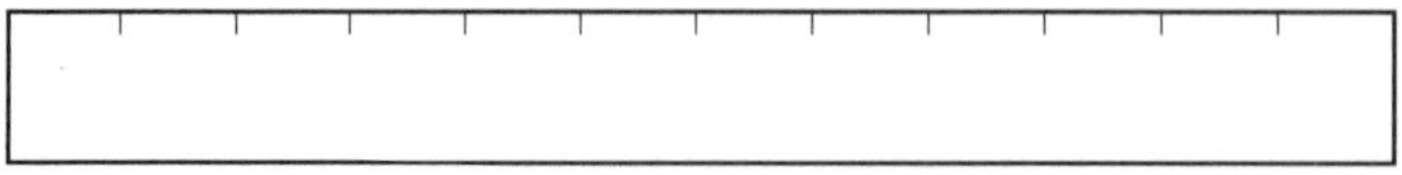

(3) $\dfrac{3}{5}$

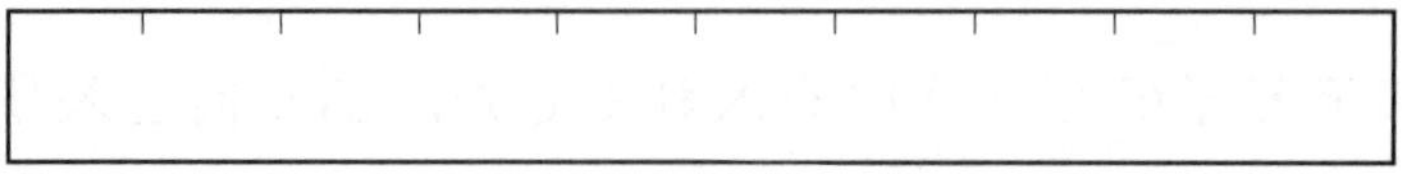

(4) $\dfrac{1}{6}$

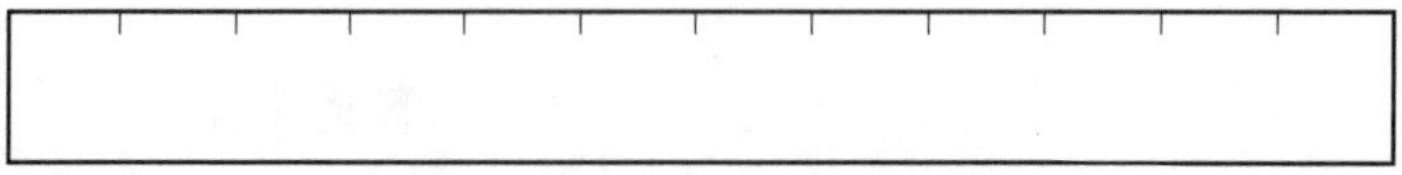

3 つぎの□にあてはまる数を書きなさい。

(1) $\frac{1}{6}$ の 5 こ分は □

(2) $\frac{1}{7}$ の □ こ分は $\frac{4}{7}$

(3) □ の 2 こ分は $\frac{2}{9}$

(4) □ の 6 こ分は $\frac{6}{10}$

4 つぎの 2 つの分数の大小を，不等号(>，<)で表しなさい。

(1) $\frac{2}{5}$ m □ $\frac{3}{5}$ m

(2) $\frac{3}{8}$ m □ $\frac{1}{8}$ m

(3) $\frac{3}{7}$ m □ $\frac{5}{7}$ m

(4) $\frac{1}{4}$ m □ $\frac{3}{4}$ m

(5) $\frac{5}{9}$ □ $\frac{2}{9}$

(6) $\frac{4}{5}$ □ 1

5 小さいじゅんにならべなさい。

(1) $\left(\frac{1}{6} \text{ m,} \quad \frac{5}{6} \text{ m,} \quad \frac{3}{6} \text{ m} \right)$ 〔   〕

(2) $\left(\frac{4}{10} \text{ m,} \quad \frac{9}{10} \text{ m,} \quad \frac{7}{10} \text{ m} \right)$ 〔   〕

(3) $\left(\frac{5}{8}, \quad \frac{7}{8}, \quad \frac{3}{8} \right)$ 〔   〕

(4) $\left(\frac{3}{4}, \quad 1, \quad \frac{1}{4} \right)$ 〔   〕

18 分数

ステップ2

時間 25分　とく点
合かく 80点　　　点

1 つぎの円は1を表しています。色をぬったところは，何分の何ですか。

(16点/1つ4点)

(1) 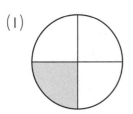　(2) 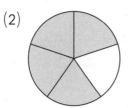　(3) 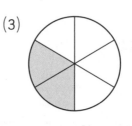　(4)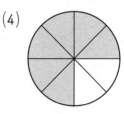

〔　　　〕　　〔　　　〕　　〔　　　〕　　〔　　　〕

2 つぎの□にあてはまる数を書きなさい。(16点/1つ4点)

(1) $\frac{3}{10}$ m は $\frac{1}{10}$ m の □ こ分

(2) $\frac{1}{9}$ m の5こ分は □ m

(3) $\frac{5}{7}$ m は $\frac{1}{7}$ m の □ こ分

(4) □ m の3こ分は $\frac{3}{5}$ m

3 つぎの2つの分数の大小を，不等号(>, <)で表しなさい。

(16点/1つ4点)

(1) $\frac{4}{5}$ m □ $\frac{2}{5}$ m

(2) $\frac{3}{10}$ L □ $\frac{7}{10}$ L

(3) $\frac{6}{7}$ □ $\frac{3}{7}$

(4) 1 □ $\frac{5}{9}$

4 つぎの□にあてはまる数を書きなさい。(16点/1つ4点)

(1) $\frac{1}{10}$ の □ こ分は1

(2) $\frac{1}{10}$ を小数で表すと □

(3) $\frac{3}{10}$ を小数で表すと □

(4) 0.7 を分数で表すと □

5 つぎの図は，目もりのあるコップに，水を入れたものです。水のかさを右に書きました。

正しいものには○を，まちがっているものには正しい答えを書きなさい。(16点/1つ4点)

(1) 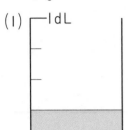 $\frac{1}{4}$ dL 〔　　　　〕

(2) 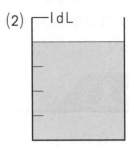 $\frac{3}{5}$ dL 〔　　　　〕

(3) 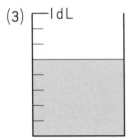 $\frac{5}{7}$ dL 〔　　　　〕

(4)  $\frac{9}{10}$ dL 〔　　　　〕

 6 大きいじゅんにならべなさい。(20点/1つ5点)

(1) $\frac{4}{5}$，$\frac{2}{5}$，$\frac{3}{5}$ 〔　　　　　　　　　　　〕

(2) $\frac{2}{9}$，$\frac{7}{9}$，$\frac{6}{9}$ 〔　　　　　　　　　　　〕

(3) $\frac{6}{7}$ dL，$\frac{2}{7}$ dL，$\frac{3}{7}$ dL 〔　　　　　　　　　　　〕

(4) $\frac{3}{10}$ cm，0.8 cm，$\frac{9}{10}$ cm 〔　　　　　　　　　　　〕

19 分数のたし算とひき算

月　日　答え ➡ べっさつ20ページ

学習の
ねらい
☑かんたんな分数のたし算ができるようにします。
☑かんたんな分数のひき算ができるようにします。

ステップ1

1 つぎのたし算をしなさい。

(1) $\frac{1}{10}+\frac{1}{10}$

(2) $\frac{1}{5}+\frac{1}{5}$

(3) $\frac{1}{6}+\frac{2}{6}$

(4) $\frac{2}{10}+\frac{1}{10}$

(5) $\frac{3}{7}+\frac{1}{7}$

(6) $\frac{2}{9}+\frac{3}{9}$

2 つぎのひき算をしなさい。

(1) $\frac{9}{10}-\frac{1}{10}$

(2) $\frac{6}{7}-\frac{3}{7}$

(3) $\frac{5}{8}-\frac{2}{8}$

(4) $\frac{5}{6}-\frac{4}{6}$

(5) $\frac{3}{5}-\frac{1}{5}$

(6) $\frac{3}{4}-\frac{2}{4}$

88

3 つぎの円は１を表しています。色をぬったところを計算すると，何分の何になりますか。

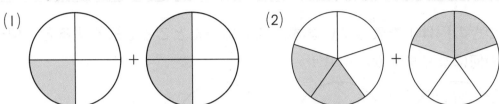

(1)　　　　　　　　　　　　　　　　(2)

〔　　　　　〕　　　　　　　〔　　　　　〕

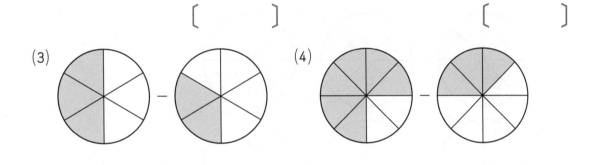

(3)　　　　　　　　　　　　　　　　(4)

〔　　　　　〕　　　　　　　〔　　　　　〕

4 牛にゅうを，りくさんは $\frac{3}{5}$ L，りおさんは $\frac{2}{5}$ L 飲みました。

(1) ２人の飲んだ牛にゅうは，あわせて何Lですか。
　　（式）

答え〔　　　　　　　　〕

(2) ２人の飲んだりょうのちがいは，何Lですか。
　　（式）

答え〔　　　　　　　　〕

89

月　日　答え ➡ べっさつ20ページ

🕙 時　間 25分　　✏️ とく点

👍 合かく 80点　　　　　点

1 つぎの円は l を表しています。色をぬったところを計算すると，何分の何になりますか。(28点/1つ7点)

(1)

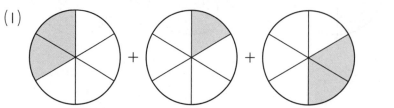

〔　　　　　〕

(2)

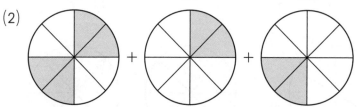

〔　　　　　〕

(3)

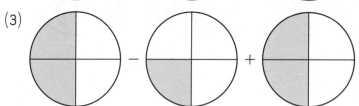

〔　　　　　〕

(4)

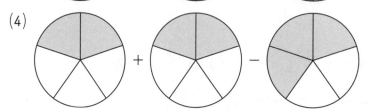

〔　　　　　〕

2 しょうゆが l L あります。このしょうゆを $\frac{1}{4}$ L 使いました。

(10点/1つ5点)

(1) いま，のこっているしょうゆは何Lですか。
(式)

答え 〔　　　　　〕

(2) さらに $\frac{1}{4}$ L 使うと，のこりは何Lになりますか。

(式)

答え 〔　　　　　〕

3 つぎの計算をしなさい。(50点/1つ5点)

(1) $\dfrac{1}{4}+\dfrac{1}{4}$

(2) $\dfrac{2}{6}+\dfrac{3}{6}$

(3) $\dfrac{2}{9}+\dfrac{3}{9}$

(4) $\dfrac{3}{10}+\dfrac{4}{10}$

(5) $\dfrac{3}{8}+\dfrac{5}{8}$

(6) $\dfrac{5}{7}-\dfrac{2}{7}$

(7) $\dfrac{2}{3}-\dfrac{1}{3}$

(8) $\dfrac{7}{10}-\dfrac{2}{10}$

(9) $\dfrac{4}{5}-\dfrac{3}{5}$

(10) $1-\dfrac{4}{9}$

 4 ようかんが1本あります。このようかんをまさるさんは$\dfrac{3}{8}$本食べ，

妹は$\dfrac{4}{8}$本食べました。(12点/1つ4点)

(1) どちらがどれだけ多く食べましたか。
  （式）

　　　　　　　　　　　　　　　答え〔　　　　　　　　　　〕

(2) 2人あわせて，どれだけ食べましたか。
  （式）

　　　　　　　　　　　　　　　答え〔　　　　　　　　　　〕

(3) ようかんののこりは，どれだけですか。
  （式）

　　　　　　　　　　　　　　　答え〔　　　　　　　　　　〕

月　日　答え ➡ べっさつ21ページ

⏱時 間 30分　✏とく点
👍合かく 80点　　　　点

1 つぎの □ にあてはまる数を書きなさい。(16点/1つ4点)

(1) $\frac{1}{7}$ の □ こ分は $\frac{6}{7}$ です。

(2) □ の5こ分は $\frac{5}{9}$ です。

(3) 2.6 の $\frac{1}{10}$ の位(小数第一位)の数字は, □ です。

(4) 0.1 が3こと, 1が7こで, □ です。

2 $\frac{7}{10}$ L のジュースと 0.5 L のお茶があります。(10点/1つ5点)

(1) なおとさんは, お茶のほうが多いと答えました。なおとさんの答えは正しいですか。

〔　　　　　　　　　　　　　〕

➡(2) (1)で答えた理由を書きなさい。

〔

　

〕

3 つぎの計算をしなさい。(30点/1つ5点)

(1) 5.7+8.7+3.6

(2) 10−3.5+5.8

(3) 1.3+4.5−2.1

(4) 9.2−2.7−2.5

(5) $\frac{1}{10}+\frac{3}{10}+\frac{5}{10}$

(6) $\frac{6}{7}-\frac{2}{7}-\frac{1}{7}$

4 つぎの計算をくふうしてしなさい。(16点/1つ4点)

(1) $3.7+4.1+6.3$

(2) $8-2.2-1.8$

(3) $\dfrac{2}{7}-\dfrac{1}{4}+\dfrac{5}{7}$

(4) $\dfrac{4}{9}-\dfrac{2}{5}+\dfrac{5}{9}$

5 つぎの計算の答えの大小を，不等号(>, =, <)で表しなさい。

(16点/1つ4点)

(1) $\dfrac{9}{10}-\dfrac{2}{10}$ ☐ $0.8-0.5$

(2) $\dfrac{3}{10}+\dfrac{5}{10}$ ☐ $0.4+0.4$

(3) $0.1+0.3$ ☐ $\dfrac{8}{10}-\dfrac{3}{10}$

(4) $1.8-0.9$ ☐ $\dfrac{6}{10}+\dfrac{1}{10}$

6 10.5 L の水が入る水そうがあります。みゆさんが 1.4 L，けんたさんが 2.3 L の水を入れました。(12点/1つ4点)

(1) どちらが何 L 多く水を入れましたか。
(式)

答え [   ]

(2) 2 人あわせて何 L の水を入れましたか。
(式)

答え [   ]

(3) 2 人でもう一度同じかさの水を入れました。水そうには，あと何 L 入りますか。
(式)

答え [   ]

20 ぼうグラフと表

学習の ねらい

- ☑ 表をつくるときに，**正の字**を書いていって，落ちや重なりがないようにします。
- ☑ ぼうグラフを読んだりかいたりできるようにします。

ステップ 1

1 はやとさんは，日曜日に，家の前を通る車の数を調べて，右のような表をつくりました。それぞれの時間に，何台通りましたか。

9時～10時	10時～11時	11時～12時
正　正	正　正　正	正　正　正
正　正	正　正　正	正　正　正
正　下	正　正　正	正　正　正
正	正　正　正	正　正　正
正	正　正　正	正　正　正
正	正　正　正	正　正　正
正	正　正	正　正　正
正	正　正	正　正　正
正	正　正	正　正　正
正	正　正	正　正　丁

(1) 9 時～10 時　〔　　　　　〕

(2) 10 時～11 時　〔　　　　　〕

(3) 11 時～12 時　〔　　　　　〕

2 1目もりはいくらになっていますか。

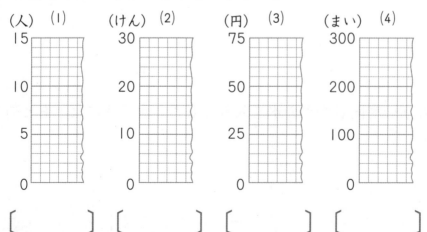

(人) (1)　　(けん) (2)　　(円) (3)　　(まい) (4)

〔　　　　〕〔　　　　〕〔　　　　〕〔　　　　〕

3 下のようなぼうグラフがあります。

ア
イ
ウ
エ

(1) 1目もりを2人とすると，それぞれ何人を表していますか。

ア〔　　　　〕　イ〔　　　　〕　ウ〔　　　　〕　エ〔　　　　〕

(2) 1目もりを5人とすると，それぞれ何人を表していますか。

ア〔　　　　〕　イ〔　　　　〕　ウ〔　　　　〕　エ〔　　　　〕

4 ななみさんの学級の読書調べの表があります。この表をもとにして
ぼうグラフをつくります。

物語	社　会	スポーツ	理　科
12	7	6	4

(1) 表題を何とつけますか。

〔　　　　　　　〕

(2) 1目もりは，何人になっていますか。

〔　　　　　　　〕

(3) 右のグラフにかきなさい。

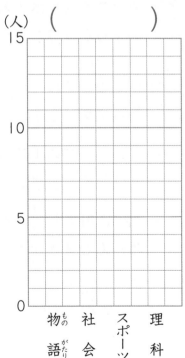

ステップ2

月　日　答え ➡ べっさつ22ページ

時 間 25分
合かく 80点
とく点　　点

1 まいさんの学校の3年生について，どの町に何人いるかを調べて，右のような表をつくりました。

3年生の人数調べ

町	人数(人)
東山町	15
西川町	27
本　町	30
白石町	22
合　計	

（9月10日）

(1) 調べたのは，何月何日ですか。(3点)　〔　　　　　　〕

(2) 町の数は，いくつありますか。(3点)　〔　　　　　　〕

(3) 人数の多いじゅんに，町の名まえを書きなさい。(12点)

〔　　　　　〕〔　　　　　〕〔　　　　　〕〔　　　　　〕

(4) 本町の人数は，東山町の人数の何倍ですか。(4点)　〔　　　　　　〕

(5) 3年生は，みんなで何人ですか。(4点)　〔　　　　　　〕

2 みよこさんは本のねだんを調べて，右のようなグラフをつくりました。

（20点/1つ4点）

(1) たてのじくに，何をとってありますか。〔　　　　　　〕

(2) このグラフの1目もりはいくらですか。〔　　　　　　〕

(3) 1200円より安い本を3つえらんで，ねだんも書きなさい。

〔　　　　　　〕
〔　　　　　　〕
〔　　　　　　〕

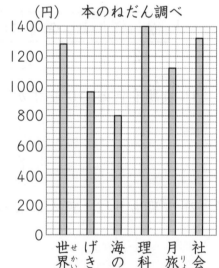

（円）　本のねだん調べ

世界の昔話　げきの話　海の動物　理科じてん　月旅行　社会科じてん

3 3年1組の家族(かぞく)の人数を調べて，右の表をつくりました。この表をもとにしてぼうグラフをつくります。

家族の数	人数(人)
3人家族	5
4人家族	18
5人家族	10
6人家族	3

(1) たてのじくに何をとったらよいですか。(4点)

〔　　　　　　　　〕

(2) 1目もりは，何人にすればよいですか。(4点)

〔　　　　　　　　〕

(3) 表題(ひょうだい)は，何と書けばよいですか。右のグラフに書き入れなさい。(4点)

(4) 右のグラフに，ぼうグラフをかき入れて，グラフをかんせいさせなさい。(16点)

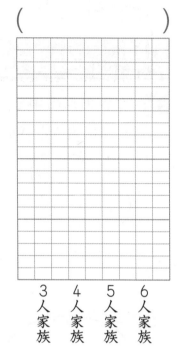

(　　　　　　　　)

3人家族　4人家族　5人家族　6人家族

4 あけみさんとなおとさんのテストの点数を調べて，右のようなグラフをつくりました。

(1) 国語の点数が高かったのは，どちらですか。(6点)

〔　　　　　　　　〕

(2) いちばんひくい点数をとったのは，どちらの何の教科ですか。(10点)

〔　　　　　　　　〕

(3) 算数は，どちらが何点多くとりましたか。(10点)

〔　　　　　　　　〕

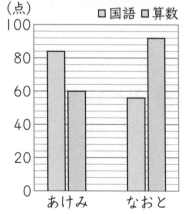

あけみさんとなおとさんの
テストの点数

21 円と球

☑円や球のせいしつ，中心・半径・直径の意味をりかいします。
☑コンパスを使って円をかいたり，長さをくらべたりできるようにします。

ステップ1

1 つぎの形の中で，円であるものには○，そうでないものには×を，〔　〕に書きなさい。

(1)

〔　　〕

(2)
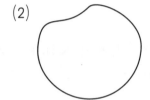
〔　　〕

(3)
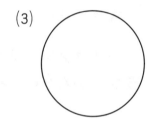
〔　　〕

(4)
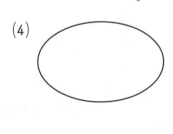
〔　　〕

(5)
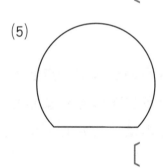
〔　　〕

(6)
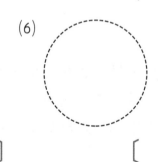
〔　　〕

2 円と球について，それぞれの半径を赤線で2本，直径を黒線で2本かきなさい。

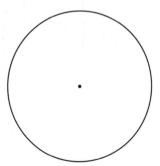
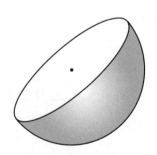

3 つぎの図の直径と半径は何cmですか。

(1)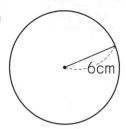 (2)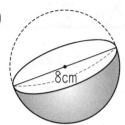

　　　直径〔　　　　　〕　　　　直径〔　　　　　　〕

　　　半径〔　　　　　〕　　　　半径〔　　　　　　〕

4 つぎの問いに答えなさい。
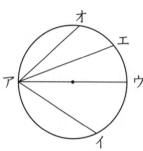
(1) いちばん長い直線はどれですか。

〔　　　　　　〕

(2) 直線カキと同じ長さの直線はどれですか。全部
書きなさい。
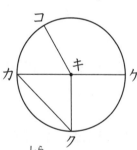

〔　　　　　　〕

 5 アとイのどちらの線が長いですか。コンパスを使って調べなさい。

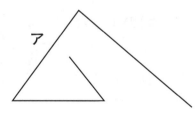

イ_____

〔　　　　〕

ステップ**2**

⏱時　間 25分
👍合かく 80点

✏とく点

点

1 紙に円をかいて，切りぬきました。(12点/1つ4点)

(1) この円を右のようにおると，できたおり目の線は何になりますか。

〔　　　　　　　　　〕

(2) この円を，右のように4つにおると，できたおり目の線は何ですか。また，かどの点は何ですか。

おり目〔　　　　　　　〕　かど〔　　　　　　　〕

2 つぎの□にあてはまることばを書きなさい。(18点/1つ6点)

(1) ねん土で球をつくって，上の方を切ると，切り口は□□□になります。

(2) 球を半分に切ると，切り口は□□□になります。

(3) 球は，どこを切っても，切り口は□□□になります。

3 同じ大きさの円をならべて，右のようなもようをかきました。(18点/1つ9点)

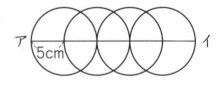

(1) 円の中心を通る直線アイは，何cmですか。

〔　　　　　　　　　〕

(2) このもようをかくとき，コンパスのはりをどこにたてますか。図に●でかきなさい。

4 右の図のように，1から12までの点があります。(16点/1つ8点)

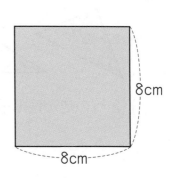

(1) 6の点から1cmはなれている点は，どれですか。全部書きなさい。

〔　　　　　　　〕

(2) 6の点から2cmはなれている点は，どれですか。全部書きなさい。

〔　　　　　　　〕

5 右のような正方形のおり紙があります。この紙に，できるだけ大きな円を1つ，かこうとしています。(16点/1つ8点)

8cm
8cm

(1) 円の中心は，どのようにして見つければよいですか。

〔　　　　　　　　　　　　　　〕

(2) 円をかくには，コンパスの先を，何cm開けばよいですか。

〔　　　　　　　〕

6 同じ大きさのボールを入れます。(20点/1つ10点)

(1) 右のような箱に，6このボールが図のようにきちんと入りました。ボールの直径は何cmですか。

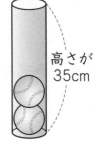

21cm

〔　　　　　　　〕

(2) このボールを，右のようなつつに入れます。何こ入りますか。

高さが
35cm

〔　　　　　　　〕

22 三角形

学習の
ねらい

☑二等辺三角形・正三角形などを調べて，それぞれのちがいや同じところ
　を見つけます。
☑辺や角の大きさを調べることができるようにします。

ステップ1

1 下の三角形の辺の長さを調べなさい。

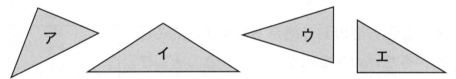

ア　イ　ウ　エ

(1) 2つの辺が同じ長さの三角形はどれですか。全部書きなさい。

〔　　　　　　　　　〕

(2) (1)の三角形を何といいますか。

〔　　　　　　　　　〕

2 下の三角形の辺の長さを調べなさい。

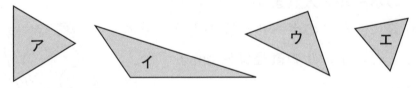

ア　イ　ウ　エ

(1) 3つの辺が全部同じ長さの三角形はどれですか。全部書きなさい。

〔　　　　　　　　　〕

(2) (1)の三角形を何といいますか。

〔　　　　　　　　　〕

3 つぎの三角形を，じょうぎとコンパスを使ってかきなさい。

(1) 辺の長さが 3 cm の正三角形

(2) 辺の長さが 2 cm, 4 cm, 4 cm の二等辺三角形

4 つぎの角を大きいじゅんに番号をつけなさい。

(1)

〔　　　〕　　　〔　　　〕　　　〔　　　〕

(2)

〔　　　〕　　　〔　　　〕　　　〔　　　〕

5 つぎの三角形で，それぞれ大きさの等しい角を全部書きなさい。

(1) 二等辺三角形

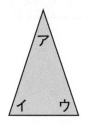

(2) 正三角形

〔　　　　　　　　　　〕　　　　〔　　　　　　　　　　〕

 ステップ2

時 間 25分　合かく 80点　とく点　点

1 右の図は半径 4 cm の円の半径を使って三角形をかいたものです。アは円の中心で，エオの長さは 6 cm，アイウの三角形は正三角形です。(32点/1つ8点)

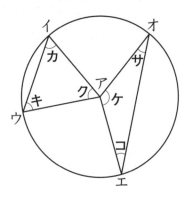

(1) アエオの三角形は何という三角形ですか。

〔　　　　　　　　　〕

(2) イウの長さは何 cm ですか。

〔　　　　　　　　　〕

(3) **サ**と同じ大きさの角はどれですか。**カ〜コ**の記号で答えなさい。

〔　　　　　　　　　〕

(4) **カ**と同じ大きさの角はどれですか。全部見つけて，**キ〜サ**の記号で答えなさい。

〔　　　　　　　　　〕

2 右の形は，正三角形を 2 つあわせて，つくった形です。(20点/1つ10点)

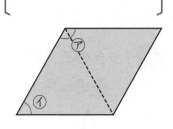

(1) ㋐は，㋑の角の何倍ですか。

〔　　　　　　　〕

(2) 4 つの辺の長さは，どうなっていますか。

〔　　　　　　　〕

3 右の図は，ある三角形をしきつめてつくりました。

(20点/1つ10点)

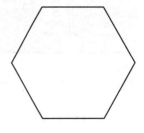

(1) しきつめたのは，つぎの**ア**と**イ**の三角形のうち，どちらですか。

〔　　　　　〕

(2) (1)で答えた三角形を何まいしきつめましたか。

〔　　　　　〕

4 右の図のように，紙のはしをきちんとそろえて２つにおります。この紙のいろいろなところを切って三角形をつくります。

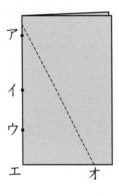

(1) ----のところを切って広げると，どんな三角形ができますか。(9点)

〔　　　　　〕

(2) 正三角形になるように切るには，オの点とどの点をむすんで切ったらよいですか。(9点)

〔　　　　　〕

✏(3) どうして，その線で切ったら，正三角形になるのですか。(10点)

〔

〕

1 つぎの ☐ にあてはまる数やことばを書きなさい。(20点/1つ10点)

(1) 円や球の ☐ は, 直径のまん中になります。

(2) 直径の長さは, 半径の ☐ 倍です。

2 たから物をさがしています。下のヒントカードを見て, 右の図に, たから物のかくし場所を×じるしで表しなさい。(15点)

ア•

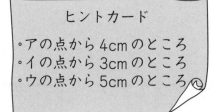

ヒントカード

。アの点から4cmのところ
。イの点から3cmのところ
。ウの点から5cmのところ

•イ

•ウ

3 1目もりの大きさを調べ, ぼうの大きさを数で表しなさい。

(25点/1つ5点)

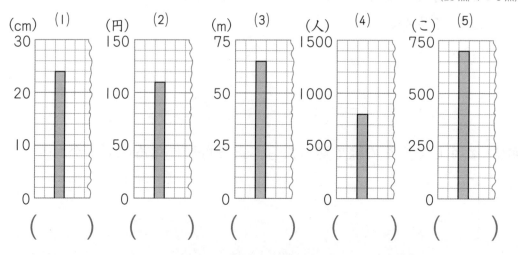

(cm) (1)
30
20
10
0
(　　)

(円) (2)
150
100
50
0
(　　)

(m) (3)
75
50
25
0
(　　)

(人) (4)
1500
1000
500
0
(　　)

(こ) (5)
750
500
250
0
(　　)

4 右の角の大きさについて答えなさい。

(10点/1つ5点)

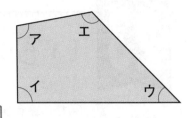

(1) 直角の角は，どれですか。

〔　　　　　　　　　〕

(2) 4つの角を大きいじゅんに書きなさい。

〔　　　　　　　　　　　　〕

5 3年1組と2組で，すきな動物について調べて，右のようなグラフをつくりました。

(15点/1つ5点)

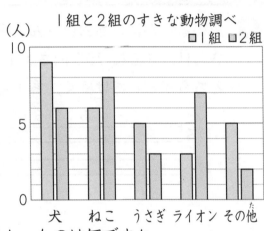

1組と2組のすきな動物調べ
□1組　□2組

(1) 1組で，すきな人数がいちばん多かったのは何ですか。

〔　　　　　　　〕

(2) 2組で，すきな人数がいちばん多かったのは何ですか。

〔　　　　　　　　　　〕

(3) 1組よりも2組のほうが多かったものを全部書きなさい。

〔　　　　　　　　　　〕

6 右の⑦は正三角形です。⑦をしきつめると，いろいろな形ができます。つぎの⑦〜⑦のうち，⑦をしきつめてできるものには○を，できないものには×を書きなさい。(15点/1つ3点)

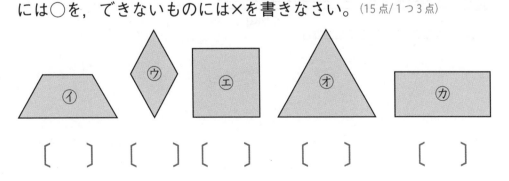

〔　　〕　〔　　〕〔　　〕　〔　　〕　　〔　　〕

いろいろな問題 ①

☑ たし算やひき算の考えを使って，問題に答えます。
☑ テープ図や線分図を使って，問題を考えます。

ステップ 1

1 みのるさんは，あおいさんと同じだけちょ金をしていました。みのるさんは，さらに 750 円ちょ金し，あおいさんは 950 円使いました。どちらがどれだけ多く，ちょ金していますか。

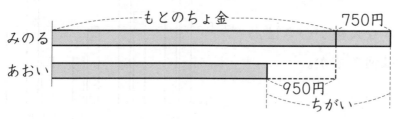

〔　　　　　　　　　　　　〕

2 お父さんの体重は，お母さんの体重より 11 kg 重く，お母さんの体重は，みさきさんの体重より 18 kg 重いそうです。みさきさんの体重は，27 kg です。お父さんの体重は，いくらですか。

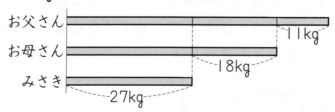

〔　　　　　　　　　　　　〕

3 かけるさんの年れいは，8才です。お兄さんの年れいは，かけるさんの2倍で，お父さんの年れいは，お兄さんの3倍です。お父さんの年れいは何才ですか。

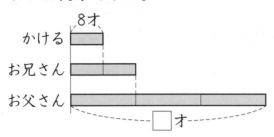

[   ]

4 あやかさんは，今日，お姉さんと2人でつるを28羽おりました。これは，きのう1人でおったときの4倍になります。あやかさんは，きのう1人でつるを何羽おりましたか。

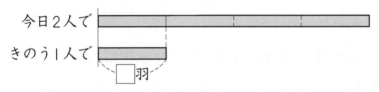

[   ]

5 26mのリボンを，何人かで同じ長さずつ分けると，1人分が3mずつになり，2mのこりました。何人で分けたことになりますか。

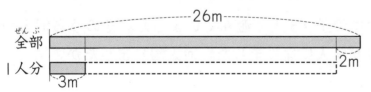

[   ]

STEP 2 ステップ **2**

⏰時 間 30分　✎とく点
👍合かく80点　　　点

1 毎日7ページずつ読書をしています。今日，本を読み終わったら，63 ページ読んでいました。本を読んだのは何日間ですか。(10点)

〔　　　　　　　〕

2 あまぐりを買い，8人で同じ数ずつ分けると，1人にちょうど9こずつ分けることができました。あまぐりは何こありましたか。(15点)

〔　　　　　　　〕

3 オレンジジュースがあります。4dL ずつコップに分けていくと，9こ分あり，3dL のこりました。はじめにあったオレンジジュースは何dL ですか。(15点)

〔　　　　　　　〕

4 男の子15人と女の子13人で遊んでいました。そのうち何人か帰ったので，のこりが9人になりました。何人帰りましたか。(15点)

〔　　　　　　　〕

5 えん筆と消しゴムを買いに文ぼう具店に行きました。えん筆は100円，消しゴムは80円でした。ノートも買ったら，全部で300円はらいました。ノートはいくらでしたか。(15点)

〔　　　　　　　　〕

6 大・中・小の3つのコップがあります。大のコップは，小のコップの3倍のりょうが入り，中のコップは小のコップの2倍のりょうが入ります。中のコップには4dLのジュースが入ります。
大のコップには何dL入りますか。(15点)

〔　　　　　　　　〕

7 たくみさんは，まみさんより身長が8cm高いそうです。こうじさんは，まみさんより15cm高いそうです。こうじさんは，たくみさんより何cm高いですか。(15点)

〔　　　　　　　　〕

24 いろいろな問題 ②

学習のねらい

☑たし算，ひき算，かけ算，わり算の考えを用いて，問題に答えます。
☑テープ図や線分図を用いると，とき方がよくわかります。

ステップ 1

1 よしえさんは，おはじきを 42 こ持っています。ともこさんは 54 こ持っています。どちらがどちらに，何こあげたら，2 人の持っているおはじきの数が同じになりますか。

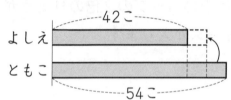

〔　　　　　　　　　　　　　　　　　〕

2 かおりさんとあゆみさんは，おはじきを分けています。おはじきは 70 こあって，かおりさんが，あゆみさんより 10 こ多くなるようにします。それぞれ何こずつに分けたらよいですか。

かおり〔　　　　　　　〕　あゆみ〔　　　　　　　〕

3 すすむさんとお兄さんの持っているカードをあわせると 45 まいになります。お兄さんのカードのまい数は，すすむさんのカードの4倍になります。すすむさんとお兄さんは，それぞれカードを何まい持っていますか。

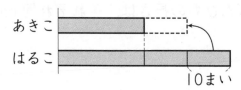

すすむ〔　　　　　　　　〕　兄〔　　　　　　　　　　〕

4 あきこさんとはるこさんの持っているカードをあわせると 60 まいになります。はるこさんがあきこさんに 10 まいわたすと，2人のまい数が同じになります。はるこさんは，何まい持っていますか。

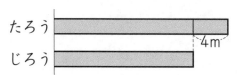

〔　　　　　　　　　　〕

5 たろうさんが持っているテープとじろうさんが持っているテープをつなぐと 20 m になりました。たろうさんのテープは，じろうさんのテープより 4 m 長いとすると，それぞれ何 m のテープを持っていましたか。（つなぎめの長さは考えません。）

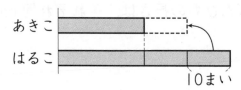

たろう〔　　　　　　　　〕　じろう〔　　　　　　　　　〕

月　日　答え ➡ べっさつ26ページ

⏰時 間 30分
👍合かく 80点
✏とく点
点

1 おはじきが 74 こあります。よしえさんは妹より 14 こ多くなるように分けようと思います。2 人は，それぞれいくつに分けたらよいですか。(14点)

よしえ〔　　　　　　　〕妹〔　　　　　　　〕

2 1 m のゴムひもを，いちろうさんとじろうさんとさぶろうさんの 3 人で分けました。いちろうさんは，じろうさんやさぶろうさんより 10 cm 長くなりました。3 人のゴムひもの長さは，それぞれ何 cm ですか。(15点)

いちろう〔　　　　　〕じろう〔　　　　　〕さぶろう〔　　　　　〕

3 たけしさんは，シールを 64 まい持っています。弟は，48 まい持っています。たけしさんは，弟と同じ数になるように，シールをあげることにしました。たけしさんが弟に何まいあげると，同じ数になりますか。(13点)

〔　　　　　　　〕

4 まさるさんは，はがき48まいを家族で分けます。お母さんはまさるさんの2倍，お父さんはまさるさんの3倍になるようにします。3人のそれぞれのはがきの数をもとめなさい。(15点)

父 〔　　　　　　　〕　母 〔　　　　　　　〕　まさる 〔　　　　　　　〕

5 赤組，白組，青組で玉入れきょうそうをしました。かごの中には全部で36こ入っています。赤組は白組より5こ多く，青組は白組より4こ多いそうです。赤組，白組，青組はそれぞれ何こ入れましたか。

(15点)

赤組 〔　　　　　　　〕　白組 〔　　　　　　　〕　青組 〔　　　　　　　〕

6 りんごとなしが，あわせて43こあります。りんごは，なしの4倍より3こ多いそうです。りんごとなしはそれぞれ何こありますか。

(14点)

りんご 〔　　　　　　　〕　なし 〔　　　　　　　〕

7 同じつみ木が20こあります。これを4列につみました。いちばん高くつんだ列と，2番目に高い列は，2こちがいます。2番目に高い列と3番目に高い列も，3番目と4番目も2こずつちがいます。いちばん高い列は，何こつんでありますか。

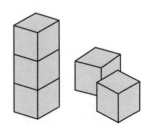

(14点)

〔　　　　　　　〕

25 いろいろな問題 ③

学習の
ねらい

✓物が間にあったり，重なりあったりする問題がとけるようになります。
✓物が両はしにあったり，両はしになかったりすることにより，数が1
　へったり，1ふえたりすることがわかるようになります。

ステップ1

1　30 m ある道のかたがわに，さくらの木を植えようと思います。

(1) はしからはしまで5mおきにさくらの木を植えると，何本いりますか。

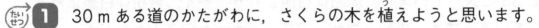
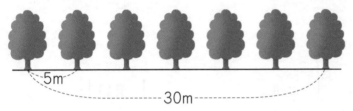

〔　　　　　　　　〕

(2) 右はしに，記ねんの石をたてようと思います。石と木の間も木と木の
　　間も5mにすると，さくらの木は何本いりますか。

〔　　　　　　　　〕

(3) 両はしに電とうをつけて，電とうと木の間も木と木の間も5mにする
　　と，さくらの木は何本いりますか。

〔　　　　　　　　〕

2 長さが 30 cm のテープがあります。このテープを，下の図のように
重ねてはりあわせます。はりあわせには，2 cm とります。

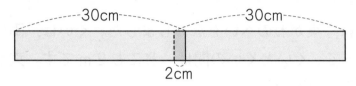

(1) このテープ 2 まいをはりあわせると，テープの長さは何 cm になりま
すか。

〔　　　　　　　〕

(2) このテープを 8 まいはりあわせると，長さは何 cm になりますか。

〔　　　　　　　〕

3 池のまわりに木のくいをうって，さくがしてあ
ります。くいとくいの間は，どこも 2 m になっ
ています。木のくいを数えると，全部で 24 本
ありました。この池のまわりの長さは何 m で
すか。

〔　　　　　　　〕

4 10 m の間をおいて，さくらの木が植えてあります。その間に，4 本
のつつじを植えようと思います。どの木の間も同じ長さにしたいと思
います。間の長さを，何 m にすればよいですか。

〔　　　　　　　〕

1 じろうさんの家では，東がわのへいをなおしました。くいは，両はし を入れて 10 本あって，くいとくいの間は，どこも 2 m です。東がわ のへいの長さは，何 m ですか。(10点)

〔　　　　　　　　〕

2 長方形の紙に，たてに 2 本，横に 3 本の線をひいて切り，カードをつ くります。カードは何まいできますか。(15点)

〔　　　　　　　　〕

3 長さ 20 cm のテープを下の図のように 7 本つなぎました。つなぎめ は，どこも 2 cm にしました。つないだテープの長さは何 cm になり ますか。(15点)

2cm　　　　　　　　　　　　　　　　　　　　20cm

〔　　　　　　　　〕

4 45 m ある道の両がわに 5 m おきにプラタナスの木を植えます。両は しにも植えると，プラタナスの木は全部で何本ひつようですか。(15点)

〔　　　　　　　　〕

5 黒いごいしが下の図のように間をあけて7こならべてあります。その1つ1つの間に，白いごいしを2こずつならべることにしました。白いごいしは，黒いごいしより何こ多くひつようですか。(15点)

●   ●   ●   ●   ●   ●   ●

〔 　　　　　　　 〕

 6 右の図のように，横はばが55cmのがくを4まいかけることにしました。かべのはしとがくの間と，がくとがくの間が同じ長さになるようにあけて，かけたいと思います。間のはばをいくらにすればよいですか。かべの長さは，2m75cmあります。(15点)

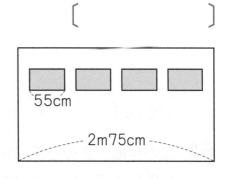

55cm

2m75cm

〔 　　　　　　　 〕

 7 たて6m，横10mの長方形の土地があります。4すみには，さくらの木が植えてあります。そのさくらの木の間に，2mおきにきりの木を植えることにしました。この土地のまわり全体では，きりの木が何本いりますか。

(15点)

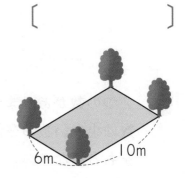

6m　　10m

〔 　　　　　　　 〕

119

1 お父さんの体重は，ゆたかさんの体重の3倍です。お兄さんの体重は，ゆたかさんより5kg重いです。お兄さんとお母さんの体重をたすと，お父さんの体重になります。ゆたかさんの体重が25kgのとき，お兄さん，お母さん，お父さんの体重は何kgですか。(15点)

お兄さん [　　　　　]　　お母さん [　　　　　]　　お父さん [　　　　　]

2 赤の色紙，青の色紙，黄の色紙が全部で12まいあります。赤の色紙は青の色紙より1まい多く，青の色紙は黄の色紙より1まい多いそうです。赤，青，黄の色紙は，それぞれ何まいありますか。(15点)

赤 [　　　　　]　　青 [　　　　　]　　黄 [　　　　　]

3 2つの数があります。2つの数をあわせると79になります。大きい数は小さい数の3倍より9小さい数になります。大きい数と小さい数をもとめなさい。(14点)

大きい数 [　　　　　]　　小さい数 [　　　　　]

4 筆箱を1つと，えん筆を8本買って980円はらいました。えん筆が1本50円だとしたら，筆箱はいくらですか。(13点)

[　　　　　　　　　　]

5 つなぎめを同じ長さにして15cmのテープ6本をつなぎました。全体の長さが75cmのとき，つなぎめは何cmになりますか。(14点)

[　　　　　　　　　　]

6 1つの辺の長さが10mの正方形の土地のまわりに，2mごとにくいをうつことにしました。くいは，何本ひつようですか。(14点)

2m
10m

[　　　　　　　　　　]

7 父の年れいと兄の年れいをたすと53才になり，父と弟の年れいをたすと49才になります。また，兄と弟の年れいをたすと18才になります。父，兄，弟は，それぞれ何才ですか。(15点)

父 [　　　　] 兄 [　　　　] 弟 [　　　　]

そうふく習テスト①

1 つぎの□にあてはまる数を書きなさい。(18点/1つ3点)

(1) $9×8=9×7+$ □

(2) $3×6=3×7-$ □

(3) $2×8=8×$ □

(4) □ $×6=4×7-4$

(5) $8×(3×2)=8×$ □

(6) $3×3×4=$ □ $×4$

2 つぎの□にあてはまる数を書きなさい。(12点/1つ3点)

(1) 2日＝□時間

(2) 3分30秒＝□秒

(3) 160分＝□時間□分

(4) 96秒＝□分□秒

3 たかしさんは，家の前の道路を通る乗り物の数を調べて，右のグラフをつくりました。(12点/1つ3点)

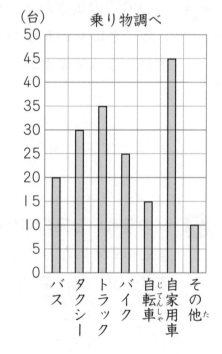

(台)　乗り物調べ

(1) たてのじくに，何をとっていますか。

〔　　　　　　　　　〕

(2) このグラフの1目もりはいくらですか。

〔　　　　　　　　　〕

(3) 2ばん目に多い乗り物は何ですか。

〔　　　　　　　　　〕

(4) 15台だった乗り物は何ですか。

〔　　　　　　　　　〕

4 つぎの計算をしなさい。(16点/1つ2点)

(1)
```
  479
+ 342
```

(2)
```
  126
+ 239
```

(3)
```
  2139
+  766
```

(4)
```
  4505
+  496
```

(5)
```
  814
- 387
```

(6)
```
  523
- 164
```

(7)
```
  3903
-  276
```

(8)
```
  1040
-  298
```

5 つぎのわり算をしなさい。(27点/1つ3点)

(1) $36 \div 9$

(2) $40 \div 5$

(3) $48 \div 8$

(4) $50 \div 5$

(5) $66 \div 2$

(6) $93 \div 3$

(7) $43 \div 8$

(8) $71 \div 9$

(9) $65 \div 8$

6 りんごが6こずつ入るかごがあります。40このりんごを全部このか
ごに入れるには，かごはいくついりますか。(7点)

(式)

答え〔　　　　　　　〕

7 やすこさんは，午後2時30分に家を出て，午後3時10分に図書館
に着きました。図書館に行くのに，何分かかりましたか。(8点)

〔　　　　　　　〕

そうふく習テスト②

⏰時間 25分
👍合かく 80点

✏️とく点

点

1 つぎのかけ算をしなさい。(12点/1つ3点)

(1)
```
   16
×   4
```

(2)
```
   63
×   5
```

(3)
```
  203
×   3
```

(4)
```
   84
×  77
```

2 つぎの□にあてはまる数を書きなさい。(15点/1つ3点)

(1) 1000000 — 999990 — ☐ — 999970 — 999960

(2) 940000 — 960000 — ☐ — ☐ — 1020000

(3) 3000 kg = ☐ t

(4) 2 kg 80 g = ☐ g

3 5908724 の数について答えなさい。(9点/1つ3点)

(1) 百万の位の数字は何ですか。　〔　　　　　〕

(2) 0は何の位の数字ですか。　〔　　　　　〕

(3) 9は何が9こあることを表していますか。　〔　　　　　〕

4 たかしさんの学年では，定員 64 人乗りのバス 6 台で遠足に行きました。でも，あいているせきが 19 せきありました。みんなで，何人遠足に行きましたか。(6点)

(式)

答え〔　　　　　〕

5 つぎの計算をしなさい。(12点/1つ3点)

(1)
$$4957 \\ +2277$$

(2)
$$2848 \\ +5945$$

(3)
$$8620 \\ -2688$$

(4)
$$9074 \\ -8085$$

6 1から9までの数のうち，□にあてはまる数を全部書きなさい。

(16点/1つ4点)

(1) $32-\square<27$

(2) $7\times\square>30$

〔   〕   〔   〕

(3) $35\div5>\square$

(4) $6+\square<12$

〔   〕   〔   〕

7 つぎの計算をしなさい。(30点/1つ3点)

(1) $\dfrac{1}{5}+\dfrac{1}{5}$

(2) $\dfrac{3}{7}+\dfrac{4}{7}$

(3) $\dfrac{1}{8}+\dfrac{5}{8}+\dfrac{1}{8}$

(4) $\dfrac{5}{7}-\dfrac{3}{7}$

(5) $1-\dfrac{1}{4}-\dfrac{1}{4}$

(6) $0.8+0.9$

(7) $1.4+2.7$

(8) $5.3-2.9$

(9) $2.7-1.8$

(10) $2.4+1.8-3.6$

そうふく習テスト③

⏱ 時 間 35分　✏ とく点
👍 合かく 80点　　　　点

1 つぎの計算をしなさい。(8点/1つ2点)

(1)
```
  時 分
  1 48
+ 2 24
```

(2)
```
  分 秒
  3 50
+ 6 25
```

(3)
```
  時  分
  4 11
- 2 35
```

(4)
```
  分  秒
 12 15
-  8 40
```

2 右のぼうグラフは, まさとさんの家族の年れいを表したものです。それぞれの人の年れいを書きなさい。

(6点/1つ1点)

まさとさんの家族の年れい調べ

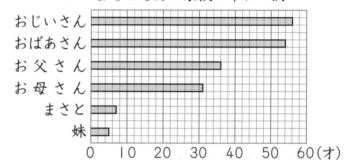

おじいさん 〔　　　　　〕　　おばあさん 〔　　　　　〕

お父さん 〔　　　　　〕　　お母さん 〔　　　　　〕

まさと 〔　　　　　〕　　　　妹 〔　　　　　〕

3 つぎの問いに答えなさい。(6点/1つ3点)

(1) 右の図のように, 正方形の中にもようをかきました。コンパスのはりを立てた場所に ● じるしをつけなさい。

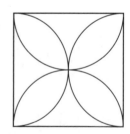

(2) つぎの直線を, 3cm ずつ区切ると, いくつ分区切れますか。

_____

〔　　　　　〕

126

4 390円のおもちゃとぬいぐるみを買ったら，1240円でした。ぬいぐるみのねだんは，何円ですか。ぬいぐるみのねだんを□円として式に表し，□にあてはまる数をもとめなさい。(6点)

(式)

答え [ ]

5 右の円は，半径5cmで，点アは，円の中心です。
⑦，⑨はそれぞれ何という三角形ですか。

(10点/1つ5点)

⑦ [ ] ⑨ [ ]

6 つぎの計算をしなさい。(18点/1つ3点)

(1)
```
   317
×   25
```

(2)
```
   289
×   70
```

(3)
```
   674
×   72
```

(4) 93÷3

(5) 55÷5

(6) 80÷4

7 つぎの□にあてはまる数を書きなさい。(18点/1つ3点)

(1) 2km 75m = [ ] m

(2) 8603m = [ ] km [ ] m

(3) 4t = [ ] kg

(4) 3250g = [ ] kg [ ] g

(5) 十万が8つと，一万が3つと，百が7つで [ ]

(6) 七千五百万四十を数字で表すと，[ ]

8 かんなさんは，今日，お姉さんといっしょにつるを 36 羽おりました。これは，きのう 1 人でおったときの 3 倍になります。かんなさんは，きのう 1 人でつるを何羽おりましたか。(6点)

(式)

答え〔　　　　　　　〕

9 20 m の間をおいて，さくらの木が植えてあります。その間に，4 本のつつじを植えようと思います。どの木の間も同じ長さにしたいと思います。間の長さを何 m にすればよいですか。(6点)

〔　　　　　　　〕

10 右のような，同じ大きさのボールをすき間なく入れた箱があります。このボールの直径は，何 cm ですか。また，半径は何 cm ですか。

(10点/1つ5点)

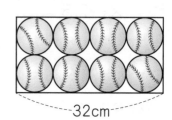
32cm

直径〔　　　　　〕　半径〔　　　　　〕

11 じゅんさんは，カードを 72 まい持っています。ともこさんは，48 まい持っています。じゅんさんは，ともこさんと同じ数になるように，カードをあげることにしました。じゅんさんが何まいあげると，同じ数になりますか。(6点)

〔　　　　　　　〕

小3

標準問題集

算数

答え

答　え

小3 標準問題集
算　数

2年 のふく習 ① 　　2～3ページ

1 (1)1042, 947, 942, 924
(2)3580, 3555, 3510, 3507

2 (1)4700　(2)8030　(3)6005

3 (1)765　(2)8300　(3)2060

4 (1)$\frac{1}{2}$　(2)$\frac{1}{4}$

5 (1)38　(2)100　(3)62　(4)61　(5)102
(6)22

6 (1)

(2)

7 (1)18　(2)32　(3)21　(4)40　(5)12
(6)63　(7)18　(8)16　(9)24　(10)36

2年 のふく習 ② 　　4～5ページ

1 (1)ア，ウ，カ
(2)(れい)

2 (1)ア，エ　(2)ウ
(3)(れい)

3 (1)四角形　(2)三角形

4 (1)4つ　(2)5つ

5 (れい)
(1)

三角形と四角形
(2)

三角形と四角形

2年 のふく習 ③ 　　6～7ページ

1 (式) 7×8=56　　(答え) 56 本

2 (式) 9×6=54　8×7=56
56−54=2
(答え) 8円のあめを買うほうが2円高い。

3 (1)みお　(2)15まい

4 (1)
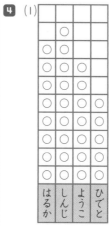
(2)しんじ，9つ
(3)ようこ 70点　ひでと 50点

5 1ぱん 8点　2はん 12点
3ぱん 4点　4はん 10点

1 大きい数のしくみ

ステップ1 　　8～9ページ

1 (1)85000　(2)65000000
(3)3029000　(4)7000430

2 (1)四百三十二万　(2)七千三万

3 (1)10000(一万)
(2)100万(1000000, 百万)
(3)403(四百三)
(4)587000(五十八万七千)
(5)1億(100000000)

4 (1)100000, 100002 　(2)22万, 26万

　(3)8500万, 1億

5 (1)＞　(2)＜　(3)＞　(4)＜

6 (1)①51000　②54000　③55500

　④58500　⑤60500

(2)①92000　②93000　③95200

　④99400　⑤101200

とき方

1 下のような表を考えておくとべんりです。

千万	百万	十万	一万	千	百	十	一	
				8	5			…(1)
6	5							…(2)
		3		2	9			…(3)
		7			4	3		…(4)

あいているところには, 0が入ります。

2 ここでも表を使うとべんりです。0のところは, 書かないようにすると答えが見つかります。

千万	百万	十万	一万	千	百	十	一	
	4	3	2	0	0	0	0	…(1)
7	0	0	3	0	0	0	0	…(2)

3 (2)10倍すると, もとの数の右に0が1つついた数になります。

(3)(4)は表を使うとべんりです。

千万	百万	十万	一万	千	百	十	一	
		4		3				…(3)
			5	8	7			…(4)

(5)1000倍すると, もとの数の右に0が3つついた数になります。

4 (1)99998から99999は, 1ふえています。99999から1ふえた数, 100001から1ふえた数を考えます。

(2)18万から20万は, 2万ふえています。20万から2万ふえた数, 24万から2万ふえた数を考えます。

(3)9000万から9500万は, 500万ふえています。8000万から500万ふえた数, 9500万から500万ふえた数を考えます。

5 (1)十万の位があるかどうかでくらべます。

(2)百万の位は同じだから, 十万の位でくらべます。

(3)十万の位があるかどうかでくらべます。

(4)十万の位は同じだから, 一万の位でくらべます。

---

6 (1)大きい目もりは1000, 小さい目もりは500を表しています。

(2)大きい目もりは2000, 小さい目もりは200を表しています。

> **ここに注意** 数直線は, 大きい数になるほど1目もりの数に注意します。1目もりが大きい数になりますから, 数えるときに気をつけましょう。

ステップ2　10～11ページ

1 (1)85320　(2)3208000　(3)5600300

　(4)70090500

2 (1)六十二万八千　(2)百八十三万六百

　(3)八百万五千三　(4)七千二百万三千

3 (1)260　(2)30500　(3)726000

　(4)84000000　(5)9200　(6)6070

4 (1)①101000　②103000　③107000

　④108500　⑤110500

(2)①120000　②142000　③166000

　④188000　⑤212000

5 (1)＞　(2)＜

6 (1)76543210

(2)10234567

とき方

1 表をつくって, 数をあてはめます。

千万	百万	十万	一万	千	百	十	一	
				8	5	3	2	…(1)
	3	2		8				…(2)
	5	6			3			…(3)
7				9		5		…(4)

2 表をつくって, 位を調べます。

千万	百万	十万	一万	千	百	十	一	
		6	2	8	0	0	0	…(1)
	1	8	3	0	6	0	0	…(2)
	8	0	0	5	0	0	3	…(3)
7	2	0	0	3	0	0	0	…(4)

3 ある数を10倍すると, もとの数の右に0が1つついた数になり, 100倍すると, もとの数の右に0が2つついた数, 1000倍すると, もとの数の右に0が3つついた数, 10でわると, 0が1つへった数になります。

　10倍すると, 位が1つ上がり

　100倍すると, 位が2つ上がり

1000倍すると，位が3つ上がり
10でわると，位が1つ下がる
ことになるのです。

④ (1)大きい1目もりは1000，小さい1目もりは
500を表しています。
(2)大きい1目もりは2万(20000)，小さい1目
もりは2000を表しています。

⑤ 10万の位から千の位までは同じなので，百の位
でくらべます。

⑥ いろいろな数をつくることができますが，いち
ばん大きい数は，あたえられた数字を大きいじ
ゅんにならべた数です。いちばん小さい数は，
小さいじゅんにならべた数ですが，いちばん大
きい位の数は，0にならないことに注意しまし
ょう。

2 たし算の筆算 ①

ステップ1
12～13ページ

❶ (1)1000 (2)1200 (3)1100 (4)1100
(5)1400 (6)1700

❷ (1)786 (2)879 (3)989 (4)788
(5)899 (6)909 (7)1179 (8)1797
(9)1064

❸ (1)667 (2)562 (3)929 (4)1556
(5)954 (6)1481 (7)1616 (8)1270
(9)1000

❹ (1)788 (2)1422
(たしかめ)

(1)　　3 2 3　(2)　　6 9 3
　　+4 6 5　　　+7 2 9
　　　7 8 8　　　1 4 2 2

❺ (1)87 (2)80 (3)92 (4)117 (5)51
(6)97

とき方

❶ 百の位をたした数の右に0を2つつける(100
倍する)と，かんたんです。

❷ 一の位からじゅんに計算します。

❸ くり上がりの数に気をつけます。たとえば下の
ように，くり上げた数を書くようにすれば，まち
がえません。

(2)　　1
　　3 4 7　(5)　　1 1
　　+2 1 5　　　4 9 8
　　　5 6 2　　　+4 5 6
　　　　　　　　　9 5 4

④ たす数とたされる数を入れかえてたして，答え
が正しいかどうかたしかめます。

⑤ 十の位と一の位に分けて考えます。
(3)　2 3　+　6 9
　　2 0　3　6 0　9
　　20+60=80
　　　3+9=12
　　80+12=92

ステップ2
14～15ページ

❶ (1)1452 (2)833 (3)1000 (4)634
(5)1710 (6)1480

❷ (1)671 → 681 (2)803 → 913
(3)1000 → 1110

❸ (1)508 (2)498 (3)825 (4)474

❹ (1)　　5 3 4　(2)　　4 1 8
　　+2 6 4　　　+2 3 2
　　　7 9 8　　　6 5 0

(3)　　3 3 7
　　+3 6 3
　　　7 0 0

❺ (式) 487+354=841　　(答え) 841人

❻ (式) 500+863=1363
　　　　　　　　　　　(答え) 1363円

❼ (式) 278+25=303　303+278=581
　　　　　　　　　　　(答え) 581こ

❽ (式) 35+210+65=100+210=310
　　　　　　　　　　　(答え) 310円

とき方

❶ 一の位からじゅんに計算します。くり上がりに
注意します。

❷ くり上がりの数に気をつけます。　(3)　　1 1
　　　　　　　　　　　　　　　　　　　6 9 2
❸ つぎのようにすればかんたんに計算　　+4 1 8
できます。　　　　　　　　　　　　　　1 1 1 0
(1)310+200-2=508
(2)300-1+200-1=500-2=498
(3)725+(45+55)=725+100=825
(4)81+19+374=100+374=474

❹ (1)一の位 □+4=8　□=4
十の位 3+□=9　□=6
百の位 5+□=7　□=2

3

(2)一の位 8+□=10 □=2

　十の位 一の位からのくり上がりがあるので，

　　　　□+3+1=5 □=1

　百の位 4+2=□ □=6

(3)一の位 □+3=10 □=7

　十の位 一の位からのくり上がりがあるので，

　　　　3+1+□=10 □=6

　百の位 十の位からのくり上がりがあるので，

　　　　□+3+1=7 □=3

5 さくらさんの学校の児童数と，ただしさんの学校の児童数をたします。

6 ゆきこさんがはじめに持っていたのは，のこりの863円に，弟にかした500円をたした金がくです。

7 白組のくりの数は 278+25=303（こ）なので，2つの組のくりの数は 303+278=581（こ）になります。

8 35+65=100 を使うと，計算がかんたんになります。

3 ひき算の筆算 ①

ステップ 1 　　　　16〜17ページ

1 (1)1000 (2)1200 (3)1200 (4)900
　(5)800 (6)700

2 (1)133 (2)435 (3)315 (4)211
　(5)333 (6)241 (7)93 (8)73 (9)53

3 (1)325 (2)11 (3)342 (4)389
　(5)136 (6)434 (7)239 (8)3 (9)791

4 (1)531 (2)225
　（たしかめ）(1)　531　(2)　225
　　　　　　　 ＋326　　 ＋257
　　　　　　　 ────　　 ────
　　　　　　　 857　　　 482

5 (1)73 (2)30 (3)53 (4)13 (5)19
　(6)7

とき方

1 (1)19-9=10 の右に0を2つつける（100倍する）と，かんたんです。

2 一の位からじゅんに計算します。

3 くり下がりに注意します。

(1)　　 ⁶7̸³
　　 4⁷³
　 −148
　 ────
　 325

(4)　 ⁴²
　　 5³⁴
　 −145
　 ────
　 389

(7)　　 ⁹
　　 4⁷⁰
　　 5̸0̸3
　 −264
　 ────
　 239

4 答えとひく数をたして，たしかめます。

┌─ **ここに注意** ─ ひかれる数から答えをひいて，ひく数になるかどうかをもとめる方ほうもあります。 ─┐

5 (4)くり下がりのある暗算は上の位から10くり下げて計算します。

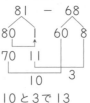

10と3で13

ステップ 2 　　　　18〜19ページ

1 (1)339 (2)111 (3)261 (4)42
　(5)349 (6)457

2 (1)344→336 (2)347→237
　(3)191→281

3 (1)101 (2)402 (3)101 (4)203

4 (1)　⑥54　(2)　5⑨3
　 −2④2　 −2⑧2
　 ────　 ────
　　4①2　　311

　(3)　3⑤7
　 −③42
　 ────
　　 15

5 （式）500-235=265 　（答え）265円

6 （式）218-51=167 　（答え）167まい

7 （式）515-437=78
　　　　（答え）はなこさんが78こ多い。

8 （式）794-359=435
　　　　435-359=76
　　　　（答え）女子が76人多い。

とき方

1 一の位からじゅんに計算します。くり下がりに注意します。

3 つぎのようにすれば，かんたんに計算できます。
　(1)300-200+1=101
　(2)700-300+2=402
　(3)500-400+1=101
　(4)900-700+3=203

4 (1)一の位 4-2=□ □=2
　　十の位 5-□=1 □=4
　　百の位 □-2=4 □=6
　(2)一の位 3-□=1 □=2
　　十の位 □-8=1 □=9

百の位 5−□=3　□=2

(3)一の位 □−2=5　□=7
　　十の位 □−4=1　□=5
　　百の位 3−□=0　□=3

> **ここに注意** (3)の百の位のように，数字が
> 書かれていない場合，その位の数字は0です。

5 おつりは，500円から235円をひいた金がく
です。

6 持っていた数からのこりの数をひくと，あげた
数になります。

> **ここに注意** 218−□=51 と考えて，つ
> ぎのように線分図で表すと考えやすくなります。
>
>
> 　　妹にあげた数　　のこり
> 　　　　　　　　　51まい

7 はなこさんの貝の数のほうが多いので，はなこ
さんの貝の数からたろうさんの貝の数をひきま
す。

8 全体の児童数から男子の数をひいて，女子の数
をだします。

4 たし算の筆算 ②

ステップ1　　　　　　　20〜21ページ

❶ (1)5000　(2)9000　(3)13000
　　(4)7700　(5)6400　(6)8580

❷ (1)7228　(2)6987　(3)6666　(4)5227
　　(5)6446　(6)7989　(7)7989　(8)6998
　　(9)7878

❸ (1)7895　(2)6352　(3)8336　(4)7442
　　(5)7805　(6)6294　(7)7023　(8)9002
　　(9)9277　(10)3677　(11)9999　(12)4000
　　(13)11451　(14)10004　(15)12021

❹ (式) 3542+4237=7779

　　　　　　　　　　　　(答え) 7779人

とき方

❶ つぎのようにすれば，かんたんに計算できます。
　(1)2+3=5　5 → 5000
　(2)45+45=90　90 → 9000
　(3)5+8=13　13 → 13000
　(4)63+14=77　77 → 7700
　(5)60+4=64　64 → 6400

(6)158+700=858　858 → 8580
　　または，1000+7000+580=8580

❸ 一の位からじゅんに計算します。くり上がりに
注意します。

❹ 全部の数なので，たし算になります。

$$\begin{array}{r} 3542 \\ +4237 \\ \hline 7779 \end{array}$$

ステップ2　　　　　　　22〜23ページ

❶ (1)8452　(2)9000　(3)7634　(4)5480
　　(5)4779　(6)5917　(7)5251　(8)8078

❷ (1)1628　(2)5263　(3)3017　(4)7045

❸ (1)　2 3 4 7　(2)　8 9 2 4
　　　＋7 3 5 1　　＋ 1 57
　　　　9 6 9 8　　　9 0 8 1

❹ (式) 4585+4748=9333

　　　　　　　　　　　　(答え) 9333人

❺ (式) 1485+1348+874=3707

　　　　　　　　　　　　(答え) 3707人

❻ (式) 2485+3496=5981

　　　　　　　　　　　　(答え) 5981人

❼ (式) 3980+1450+250=5680

　　　　　　　　　　　　(答え) 5680円

とき方

❶ 一の位からじゅんばんに計算します。くり上が
りに注意します。

❷ (1)1027+539+62=1566+62=1628
　　(2)3715+1505+43=5220+43=5263
　　(3)2362+354+301=2716+301=3017
　　(4)4829+804+1412=5633+1412=7045

> **ここに注意** (1)1027+(539+62)
> =1027+601=1628 のように，たすじゅん
> 番は入れかえてもよい。

❸ (1)一の位 7+□=8　□=1
　　　十の位 4+□=9　□=5
　　　百の位 □+3=6　□=3
　　　千の位 2+7=□　□=9
　　(2)一の位 4+7=11　□=1
　　　十の位 一の位からのくり上がりがあるので，
　　　　　　□+5+1=8　□=2
　　　百の位 9+□=10　□=1
　　　千の位 百の位からのくり上がりがあるので，
　　　　　　□+1=9　□=8

4 全員の数なので，女の人の数と男の人の数をた
します。

5 東小学校と北小学校と西小学校の人数をたします。

6 土曜日と日曜日の入園者数をたします。

7 ジーパンとＴシャツのねだんに，箱代をたします。

5 ひき算の筆算 ②

ステップ1
24〜25ページ

1 (1)2000 (2)6000 (3)1000 (4)1000
(5)70 (6)1000

2 (1)1352 (2)3201 (3)1440 (4)4314
(5)1213 (6)2432 (7)1153 (8)1321
(9)1264

3 (1)3389 (2)1108 (3)2607 (4)419
(5)5009 (6)5405 (7)3495 (8)635
(9)4561 (10)2451 (11)3636 (12)8917
(13)6628 (14)5518 (15)7817

4 (式) 9185−6120=3065
(答え) 3065円

とき方

1 つぎのようにすれば，かんたんに計算できます。
(1)4−2=2　2 → 2000
(2)9−3=6　6 → 6000
(3)8−7=1　1 → 1000
(4)65−55=10　10 → 1000
(5)377−370=7　7 → 70
(6)15−5=10　10 → 1000

3 一の位からじゅんに計算します。くり下がりに注意します。

4 お姉さんのちょ金から，れなさんのちょ金をひきます。

ステップ2
26〜27ページ

1 (1)1570 (2)2519 (3)2159 (4)2699
(5)907 (6)4988 (7)3098 (8)8911

2 (1)426 (2)2167 (3)707 (4)2613

3 (1) 　7 [4] 8 [9]
　　 − 3 2 [2] 5
　　　 [4] 2 6 4

(2) [3] 1 7 5
　　 − 　[2] 9
　　　 3 [1] 4 [6]

4 (式) 4585+4048=8633
9000−8633=367 (答え) 367人

5 (式) 1206−142=1064
(答え) 1064こ

6 (式) 2855−794=2061
(答え) 晴れた日曜日のほうが2061人多い。

7 (式) 7600−1800=5800
(答え) 5800円

とき方

1 一の位からじゅんに計算します。くり下がりに注意します。

2 (1)1027−539−62=488−62=426
(2)3715−1505−43=2210−43=2167
(3)1362−354−301=1008−301=707
(4)4829−804−1412=4025−1412=2613

> **▶ここに注意** (1)1027−(539+62)
> =1027−601 のように計算してもよい。この
> 場合，1027−(539−62)としないように注意
> しましょう。

3 (1)一の位 □−5=4 □=9
十の位 8−□=6 □=2
百の位 □−2=2 □=4
千の位 7−3=□ □=4
(2)一の位 5から9はひけないので，15からひ
きます。15−9=□ □=6
十の位 一の位にくり下げたので，
7−1−□=4 □=2
百の位 1−0=□ □=1
千の位 □−0=3 □=3

4 男の人の人数と女の人の人数をたして町の人数
を計算し，9000からひきます。

5 今月のあきかんの数から142をひくと，先月の
あきかんの数になります。

6 晴れた日曜日の人数のほうが多いので，晴れた
日曜日の人数から雨の日曜日の人数をひきます。

7 7600−2400=5200
2400−1800=600
5200+600=5800 (円)
問題のとおり考えていくと上の式になりますが，
実は，ちょ金から1800円の本を買っただけと
考えればよいわけです。

①~⑤

ステップ3 28~29ページ

❶ (1)39274000 (2)62008007
❷ (1)19700 (2)20500
❸ (1)(式) 245+213=458 （答え）458人
　(2)(式) 308-292=16
　　　　　　　（答え）男子が16人多い。
　(3)南小学校
❹ (1)5930 (2)8005 (3)8000 (4)3636
　(5)2989 (6)4995
❺ (1)1万まい(10000まい)
　(2)100万まい(1000000まい)
❻ (式) 3813-3457=356
　　（答え）女の人のほうが、356人多い。
❼ (式) 2864+352=3216
　　　　　　　　（答え）3216円

とき方
❶ 表を使うとべんりです。

千万	百万	十万	一万	千	百	十	一	
3	9	2	7	4				…(1)
6	2			8			7	…(2)

❷ 1目もりは100を表しています。
❸ 西小学校　245+213=458（人）
　南小学校　308+292=600（人）
　東小学校　351+247=598（人）
❹ 一の位からじゅんに計算します。くり上がりやくり下がりに注意します。
❺ (1)1000×10=10000
　(2)1000×1000=1000000
❻ 千の位が同じで百の位は女の人のほうが大きいので、女の人が多いです。女の人の人数から男の人の人数をひきます。
❼ ちょ金をしてふえたので、たします。

6 かけ算のきまり

ステップ1 30~31ページ

❶ (1)3 (2)5 (3)0 (4)0 (5)4 (6)0
　(7)0 (8)8 (9)9 (10)0 (11)6 (12)0
❷ (1)7 (2)5 (3)6 (4)4 (5)3 (6)9
　(7)2 (8)8
❸ (1)6 (2)8 (3)4 (4)7 (5)1 (6)3
　(7)2 (8)7
❹ (1)9 (2)8 (3)8 (4)9 (5)4 (6)6
❺ (1)70 (2)40 (3)30 (4)80 (5)50
　(6)20 (7)60 (8)0 (9)10

とき方
❶ ある数に0をかけても、0にある数をかけても、答えはいつも0になります。
　□×0=0　　0×□=0
❷ かけ算では、かける数が1ふえると、答えは、かけられる数だけ大きくなり、かける数が1へると、答えは、かけられる数だけ小さくなります。
❸ かける数とかけられる数とを入れかえても、答えはかわりません。
❹ 3つの数のかけ算をするとき、かけるじゅんじょをかえても答えはかわりません。
　2×2×4=2×(2×4)

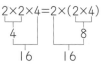

　　　　　16　　　16
❺ (1)10×7=7×10
　　7×10=7×9+7で、70になります。

ステップ2 32~33ページ

❶ (1)4 (2)0 (3)50 (4)0 (5)6 (6)80
　(7)70 (8)0 (9)3
❷ (1)72 (2)48 (3)42 (4)32
❸ (1)5 (2)4 (3)8 (4)4 (5)6 (6)8
　(7)3 (8)8
❹ (1)(式) 5×10=50 （答え）50
　(2)(式) 0×6=0 （答え）0
　(3)(式) 8×9=72 （答え）72
❺ (式) 10×6=60 （答え）60まい
❻ (1)(式) 8×11=88 （答え）88円
　(2)(式) 12×8=96 （答え）96円
❼ (れい) 1こ10円のチョコレートを3こ買うと、いくらはらえばよいですか。

とき方
❶ ある数に1をかけても、1にある数をかけても、答えはいつもある数になります。
　□×1=□　　1×□=□
　ある数に0をかけても、0にある数をかけても、答えはいつも0になります。
　□×0=0　　0×□=0

2 (1) $9 \times (2 \times 4)$ (2) $6 \times (4 \times 2)$

　　　　　　8　　　　　　　　8

　　　　72　　　　　　　48

(3) $7 \times (3 \times 2)$ (4) $8 \times (2 \times 2)$

　　　　　6　　　　　　　　4

　　　　42　　　　　　　32

3 (1)〜(4)かける数とかけられる数とを入れかえて
　も，答えはかわりません。

4 (1)10倍は×10と同じに考えます。
　(2)(3)も，同じように□倍は×□のことです。

6 (1)式は 8×11 になります。答えがわかっている
　式 8×10 とくらべてみます。
　8×11=8×10+8 になります。
　(2)(1)と同じように式から考えます。
　　12×8=8×12
　　8×12=8×10+8+8
　　になります。

---

7 かけ算の筆算 ①

ステップ**1**　　　　　　34〜35ページ

1 (1)100 (2)490 (3)160 (4)90
  (5)360 (6)200 (7)150 (8)540

2 (1)6, 180, 186
  (2)24, 420, 444
  (3)28, 200, 228

3 (1)168 (2)126 (3)189 (4)288
  (5)168 (6)378 (7)64 (8)252
  (9)240 (10)342 (11)252 (12)222

4 (1)2360 (2)3690 (3)1500 (4)1474
  (5)1212 (6)4832 (7)1986 (8)3944

とき方

1 (1)$20 \times 5 = 2 \times 5 \times 10$
  (2)$70 \times 7 = 7 \times 7 \times 10$
  (3)$80 \times 2 = 8 \times 2 \times 10$
  (4)$30 \times 3 = 3 \times 3 \times 10$
  (5)$9 \times 40 = 9 \times 4 \times 10$
  (6)$4 \times 50 = 4 \times 5 \times 10$
  (7)$5 \times 30 = 5 \times 3 \times 10$
  (8)$6 \times 90 = 6 \times 9 \times 10$ と考えます。

2 (1)62を2と60に分けて考えます。

---

3 かけ算の筆算は下のようにします。

(12)　　 ７４　　　　　　　 ７４
　　 ×　３　　　　　 ×　３
　　 　１２　…4×3　 →　　１
　　 ２１０　…70×3　　２２２
　　 ２２２

　（210の0は書　　（くり上がりの
　　かなくてもよ　　 １を書いても
　　い。）　　　　　 書かなくても
　　　　　　　　　　 よい。）

4 3けたの筆算も，2けたまでの筆算と同じよう
　に，一の位からじゅんに計算します。

ステップ**2**　　　　　　36〜37ページ

1 (1)240 (2)140 (3)540 (4)2500
  (5)2800

2 (1)576 (2)268 (3)574 (4)195
  (5)136 (6)315 (7)406 (8)351

3 (1)930 (2)3384 (3)852 (4)3456
  (5)4690 (6)3924 (7)2264 (8)2310

4 (1)8 (2)2 (3)3

5 （式）$65 \times 7 = 455$ （答え）455円

6 （式）$136 \times 6 = 816$ （答え）816人

7 （式）$280 \times 4 = 1120$ （答え）1120円

8 （式）$40 \times 8 + 20 = 340$ （答え）340まい
　また，式は
　$40 \times 8 = 320$
　$320 + 20 = 340$
　と2つの式になってもよい。

とき方

1 (1)$30 \times 8 = 3 \times 8 \times 10$
  (2)$70 \times 2 = 7 \times 2 \times 10$
  (3)$9 \times 60 = 9 \times 6 \times 10$
  (4)$500 \times 5 = 5 \times 5 \times 100$
  (5)$400 \times 7 = 4 \times 7 \times 100$

2 一の位からじゅんに計算します。

3 3けたの筆算も，2けたまでの筆算と同じよう
　に，一の位からじゅんに計算します。

4 (1)$53 \times 9 = 477$
   $7677 - 477 = 7200$
   □×9=72　□=8
  (2)$79 \times 6 = 474$
   $1674 - 474 = 1200$
   □×6=12　□=2
  (3)$45 \times 5 = 225$
   $1725 - 225 = 1500$
   □×5=15　□=3

また，(1)十の位の 50×9 のくり上がり 4 だけ
見つけ 76−4=72 で，□×9=72 の□を見
つけることもできます。

(2)，(3)も同じように十の位から考えていくこ
ともできます。

8 たばにしたまい数に，のこりのまい数をたしま
す。

8 かけ算の筆算 ②

1 (1)4410　(2)4320　(3)2280　(4)1800
(5)1080　(6)1460

2 ①38　②40

3 (1)1972　(2)1863　(3)3486

4 (1)2664　(2)4002　(3)3496　(4)1900
(たしかめ)
(1)36×74=2664
(2)46×87=4002
(3)38×92=3496
(4)76×25=1900

5 (1)17544　(2)44688　(3)23488
(4)11247　(5)30480　(6)57986

とき方

1 (1)63×70=63×7×10=441×10
(2)54×80=54×8×10=432×10
(3)38×60=38×6×10=228×10
(4)36×50=36×5×10=180×10
(5)27×40=27×4×10=108×10
(6)73×20=73×2×10=146×10

2 筆算では，かけられる数にかける数を 1 けたず
つかけて計算します。

3 (1)　　58　(2)　　69　(3)　　42
　　　 ×34　　 　×27　　　 ×83
　　　 232　　　 483　　　 126
　　 174　　 　138　　　336
　　 1972　　 1863　　　3486

4 かけ算のたしかめは，かけられる数とかける数
を入れかえても答えがかわらないことを使いま
す。(1)のたしかめは，つぎのようになります。
(1)　　74　　　　　36
　　 ×36　　　 ×74
　　 444 →　　144
　　222　　　252
　 2664　　 2664

5 (1)　　　516
　　　 ×　34
　　　 2064……516×4
　　 1548 ……516×30
　　 17544

1 (1)731　(2)1972　(3)2408　(4)324
(5)7920　(6)49855　(7)42770
(8)26936　(9)38456　(10)74046
(11)44160　(12)45580

2 (1)11362　(2)39676

3 (式) 3 ダース=36 本
　　 45×36=1620　　(答え)1620 円
また，45×12=540 (円)…1 ダースのね
だん 540×3=1620 (円) でもよい。

4 (式) 650×38=24700
　　　　　　　　　　　(答え)24700 円

5 (式) 135×36=4860
　　 4860 cm=48 m 60 cm
　　　　　　　　(答え)48 m 60 cm

6 (式) 95×2=190　190×158=30020
　　　　　　　　　(答え)30020 円

とき方

1 (1)　　43　(6)　　　845
　　 ×17　　　 ×　59
　　 301　　　 7605
　　 43　　　 4225
　　 731　　 49855

2 (1)13×23=299
　　 299×38=11362
(2)13×7=91　436×91=39676
　　かけ算は，かけるじゅんじょをかえても答え
　　は同じです。( ) がないと考えて
　　436×13=5668　5668×7=39676
　　でも正しい答えになります。

3 1 ダースは 12 本です。

6 ㋐〜㋒の方ほうが考えられます。
㋐1 人に 190 円いることになります。
　190×158 の計算は，つぎのようにします。
　　　 190
　× 158
　　 1520……190×8
　　 950 ……190×50
　 190 ……190×100
　 30020

9

⑦ 1人に1さつずつのねだんをだしておいてか
ら，計算する方ほうもあります。
95×158=15010
15010×2=30020
⑦ 全員に配ったノートのさっ数をだしておいて
から，計算することもできます。
2×158=316
95×316=30020

┃6┃~┃8┃
ステップ3   42~43ページ

❶ (1)9 (2)0 (3)20 (4)36 (5)30 (6)0
(7)48
❷ (1)7 (2)4 (3)8 (4)5
❸ (1)84 (2)441 (3)1734 (4)4540
(5)3589 (6)4712 (7)36369
(8)86070 (9)19958
❹ (1)2610 → 3610
(2)2758 → 2868, 60118 → 60228
(3)3096 → 3483, 3483 → 3096,
37926 → 34443
❺ (1)6 (2)9
❻ (式) (2×2)×3=12   (答え) 12こ
❼ (式) 78×143=11154
(答え) 11154円

とき方

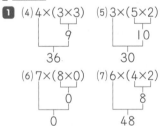

❷ ┌─ ここに注意 ─┐ かける数とかけられる数とを
入れかえても，答えはかわりません。

❸ 一の位からじゅんに計算します。くり上がりに
注意します。
❹ (1)(2)くり上がりに注意します。
(3)一の位の計算けっかと，十の位の計算けっか
とを，書く場所をまちがえないようにします。
❺ (1)7×4=28 より，筆算の十の位を考えると，
□×4 の一の位は4になります。九九の4の
段を考えて，□は1か6となります。
□=1 のとき，217×4=868，

□=6 のとき，267×4=1068 なので，
□=6
(2)3×8=24 より，筆算の十の位を考えると，
□×8 の一の位は2になります。九九の8の
段を考えて，□は4か9となります。
□=4 のとき，543×8=4344，
□=9 のとき，593×8=4744 なので，
□=9
❻ 1人が持っている風船の数は，（2×2）こです。

┃9┃ わり算 ①

ステップ1   44~45ページ

❶ (1)(式) 12÷3=4   (答え) 4まい
(2)(式) 12÷3=4   (答え) 4人
❷ (1)7 (2)7 (3)5 (4)4 (5)7 (6)4 (7)7
(8)9
❸ (1)9 (2)6 (3)2 (4)3 (5)5 (6)2 (7)9
(8)9
❹ (1)9 (2)3 (3)7 (4)9 (5)9 (6)9 (7)4
(8)8 (9)8 (10)4 (11)7 (12)5
❺ (1)0 (2)1 (3)4 (4)1 (5)0 (6)9

とき方

❶ わり算は，下の2つの場合があります。
・同じ数ずつ3つに分ける。
12まい÷3
・3まいずついくつかに分ける。
12まい÷3まい
どちらも，たんいをとると，12÷3になります。
❷ (1)5のだんの九九で見つけられます。
(2)3のだんの九九で見つけられます。
(3)9のだんの九九で見つけられます。
(4)7のだんの九九で見つけられます。
(5)□×6=6×□ なので，6のだんの九九で見つ
けられます。
(6)□×4=4×□ なので，4のだんの九九で見つ
けられます。
(7)□×8=8×□ なので，8のだんの九九で見つ
けられます。
(8)□×6=6×□ なので，6のだんの九九で見つ
けられます。
❹ (1)3×□=27 □=9
(2)8×□=24 □=3

(3) 4×□=28　□=7
(4) 5×□=45　□=9
(5) 6×□=54　□=9
(6) 7×□=63　□=9
(7) 7×□=28　□=4
(8) 9×□=72　□=8
(9) 6×□=48　□=8
(10) 5×□=20　□=4
(11) 8×□=56　□=7
(12) 3×□=15　□=5

5 0を何でわっても0になります。1でわると答えは，わられる数になります。わられる数と同じ数でわると答えは1になります。

ステップ2　46〜47ページ

1 (1)8　(2)7　(3)2　(4)5　(5)8　(6)8　(7)5
　　(8)9　(9)0
2 (1)10÷5，14÷7，18÷9，16÷8
　　(2)9÷3，12÷4，18÷6，21÷7，24÷8，
　　　27÷9
　　(3)8÷2，16÷4，24÷6，36÷9，32÷8
　　(4)30÷6，40÷8，25÷5，5÷1，15÷3
3 (式)32÷8=4　　(答え)4列
4 (式)36÷4=9　　(答え)9cm
5 (式)42÷6=7　　(答え)7きゃく
6 (式)63÷9=7　　(答え)7日
7 (式)20÷4=5　　(答え)5台
8 (式)45÷9=5　　(答え)5まい

とき方
1 (1)2×□=16
　　(2)3×□=21
　　(3)6×□=12
　　(4)2×□=10
　　(5)4×□=32
　　(6)1×□=8
　　(7)6×□=30
　　(8)9×□=81
　　(9)6×□=0
3 8×□=32
4 □×4=36
5 □×6=42
6 9×□=63
7 4×□=20
8 □×9=45

10 わり算 ②

ステップ1　48〜49ページ

1 (1)(式)40÷6=6あまり4
　　　(答え)6ふくろできて，4こあまる。
　　(2)(式)15÷4=3あまり3
　　　　(式)3こずつで，3こあまる。
2 (1)9あまり2　(2)3あまり6
　　(3)6あまり2　(4)9あまり3
　　(5)7あまり1　(6)9あまり3
　　(7)7あまり2　(8)9あまり2
　　(9)7あまり7　(10)5あまり4
3 (1)8，7，4，60　(2)8，4，5，37
4 (1)7あまり6
　　　(たしかめ)7×7+6=55
　　(2)6あまり4
　　　(たしかめ)6×6+4=40
5 (式)50÷6=8あまり2
　　　(答え)8まいずつで，2まいあまる。
6 (式)30÷4=7あまり2
　　　(答え)7本できて，2mあまる。

とき方
1 わり算の答えを九九で見つけます。きちんとした答えにならないので，もとの数より大きくならないようにします。
　　(1)40÷6　六六 36　○
　　　　　　六七 42　×
　　　あまりは 40−36=4 になります。
2 (1)5×9=45　47−45=2
　　(2)8×3=24　30−24=6
　　(3)3×6=18　20−18=2
　　(4)7×9=63　66−63=3
　　(5)5×7=35　36−35=1
　　(6)4×9=36　39−36=3
　　(7)3×7=21　23−21=2
　　(8)8×9=72　74−72=2
　　(9)9×7=63　70−63=7
　　(10)6×5=30　34−30=4
3 わり算のたしかめには，つぎの式を使います。
　　(1)60÷8=7あまり4
　　　　　↓　　　　↓
　　　　8×7　＋　4=60
　　(2)37÷8=4あまり5
　　　　　↓　　　↓　　　↓
　　　　8×4　＋　5=37

11

5 8×6=48　9×6=54 なので，１人８まいずつ
になります。
6 4×7=28　4×8=32 なので，7本できます。

1 (1)6 あまり 2　(2)6 あまり 2
(3)5 あまり 5　(4)9
(5)5 あまり 1　(6)3 あまり 3
(7)2 あまり 4　(8)9 あまり 1
(9)7 あまり 3　(10)8 あまり 2
(11)7 あまり 3　(12)6 あまり 1

2 (1)27　(2)7　(3)9　(4)1　(5)61　(6)8
(7)5　(8)75　(9)3　(10)4　(11)30　(12)2

3 (式) 36÷5=7 あまり 1
(答え) 7まいずつで，1まいのこる。

4 (式) 70÷8=8 あまり 6
(答え) 8こ買えて，6円あまる。

5 (式) 48÷5=9 あまり 3
(答え) 9こずつで，3こあまる。

6 (1)(式) 43÷5=8 あまり 3
(答え) 8こずつで，3こあまる。
(2)(式) 43÷6=7 あまり 1
(答え) 7人で，1こあまる。

とき方

2 (1)5×5+2=27
(2)47−5=42　42÷6=7
(3)60−6=54　54÷6=9
(4)3×9=27　28−27=1
(5)8×7=56　56+5=61
(6)70−6=64　64÷8=8
(7)7×5=35　40−35=5
(8)9×8=72　72+3=75
(9)25−1=24　24÷8=3
(10)5×6=30　34−30=4
(11)7×4=28　28+2=30
(12)17−1=16　16÷8=2

3 7×5=35　8×5=40 なので，1人7まいずつ
になります。

4 8×8=64　8×9=72 なので，8こ買えます。

5 9×5=45　10×5=50 なので，1ふくろに入れ
るクッキーは9こです。

6 (1)8×5=40　9×5=45 なので，1人8こにな
ります。
(2)6×7=42　6×8=48 なので，7人に分けら
れます。

11 わり算 ③

1 (1)(式) 60÷3=20　　(答え) 20 まい
(2)(式) 60÷3=20　　(答え) 20 人

2 (1)20　(2)30　(3)10　(4)20　(5)10
(6)10　(7)10　(8)40　(9)30　(10)10
(11)10　(12)10

3 (1)30　(2)30　(3)10　(4)20　(5)10
(6)20　(7)20　(8)10

4 (1)41　(2)23　(3)31　(4)12　(5)11
(6)12　(7)11　(8)14

5 (式) 24÷2=12　　(答え) 12 こ

6 (式) 63÷3=21　　(答え) 21 こ

とき方

1 わり算は，下の2つの場合があります。
・同じ数ずつ3つに分ける。
60 まい÷3
・3まいずついくつかに分ける。
60 まい÷3 まい
どちらも，たんいをとると，60÷3 になります。

3 □の中の数をさがすときは，わり算をします。

1 (1)10　(2)11　(3)21　(4)22　(5)11
(6)13　(7)21　(8)10　(9)20　(10)11
(11)11　(12)32

2 48÷4,　24÷2,　12÷1,　36÷3

3 (式) 80÷4=20　　(答え) 20 ページ

4 (式) 69÷3=23　　(答え) 23 cm

5 (式) 84÷2=42　　(答え) 42 人

6 (式①) 40÷2=20
(式②) 28÷2=14
(答え) 赤い金魚 20 ぴき
黒い金魚 14 ひき

7 (1)正しくない。
(2)(れい)36÷3=12 なので，1人 12 こに
なるから。

とき方

6 赤い金魚の数を計算し，そのあとで黒い金魚の
数を計算します。

7 1人何こになるかを計算し，たけしさんの答え
と同じかどうかをくらべます。

12 □を使った式

56〜57ページ

1 (1)代金, おつり　(2)おつり

　　(3)1つのねだん

2 (1)7×□=77

　　(2)11

3 (1)34　(2)34

4 (1)17　(2)46　(3)14　(4)58　(5)65

　　(6)35　(7)61　(8)74

5 (1)8　(2)9　(3)7　(4)20

6 (1)(式) □+13=51　　(答え)38

　　(2)(式) □×7=63　　(答え)9

とき方

1 だしたお金, 代金, おつりの3つの間には, つぎの式ができます。

　・だしたお金＝代金＋おつり

　・(だしたお金＝おつり＋代金)

　・代金＝だしたお金ーおつり

　・おつり＝だしたお金ー代金

また, 全体のねだん, 1つのねだん, 買った数の3つの間には, つぎの式ができます。

　・全体のねだん＝1つのねだん×買った数

　・1つのねだん＝全体のねだん÷買った数

　・買った数＝全体のねだん÷1つのねだん

2 (1)つぎのように式にあてはめます。

　　1つのねだん×買った数＝全体のねだん

　　　　⋮　　　　⋮　　　　　⋮

　　　　7　×　□　＝　77

　(2)□は, 77÷7の計算でもとめられます。

3 線分図を見て, □にあてはまる数をもとめます。

```
┌──────────────────────────┐
│ [ここに注意]  下のような図を線分図とい  │
│ います。線分図からは, 下のような式がもとめ │
│ られます。                              │
│         □              △              │
│    ├────────┼────────┤         │
│              ○                         │
│      □+△=○    ○=□+△              │
│      △+□=○    ○=△+□              │
│      ○-□=△    △=○-□              │
│      ○-△=□    □=○-△              │
└──────────────────────────┘
```

4 (1)

　　　　─76─
　　├──────┼──□─┤
　　　　　─93─

　　□=93ー76　□=17

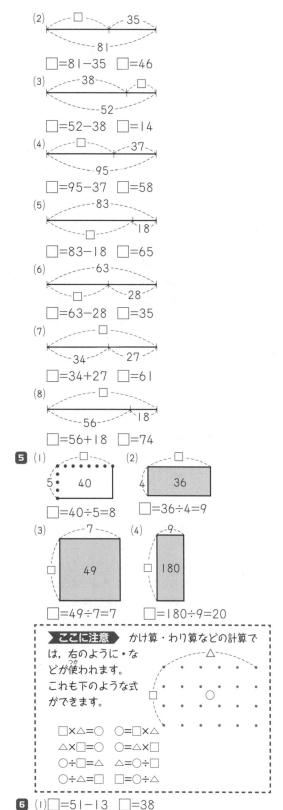

(2)
　　　□────35
├─────────┼─────┤
　　　────81

□=81ー35　□=46

(3)
　　─38───
├────┼────□─┤
　　　───52

□=52ー38　□=14

(4)
　　　□─────37
├──────────┼────┤
　　　────95

□=95ー37　□=58

(5)
　　────83
├─────────┼───┤
　　　　　□────18

□=83ー18　□=65

(6)
　　────63
├──────┼─────┤
　　　□───28

□=63ー28　□=35

(7)
　　　──□─
├────┼────┤
　─34──　──27─

□=34+27　□=61

(8)
　　──□
├────┼───┤
　─56─　　─18─

□=56+18　□=74

5 (1)
　　　　□
　┌─────┐
5 │　40　│
　└─────┘

□=40÷5=8

(2)
　　　　□
　┌─────┐
4 │　36　│
　└─────┘

□=36÷4=9

(3)
　　─7─
　┌───┐
□│ 49 │
　└───┘

□=49÷7=7

(4)
　　─9─
　┌───┐
□│180│
　└───┘

□=180÷9=20

```
┌──────────────────────────┐
│ [ここに注意]  かけ算・わり算などの計算で │
│ は, 右のように・な                      │
│ どが使われます。         △              │
│ これも下のような式    □    ○           │
│ ができます。                            │
│                                        │
│   □×△=○    ○=□×△              │
│   △×□=○    ○=△×□              │
│   ○÷□=△    △=○÷□              │
│   ○÷△=□    □=○÷△              │
└──────────────────────────┘
```

6 (1)□=51ー13　□=38

　(2)□=63÷7　□=9

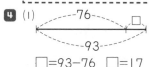

13

1 (1)51　(2)47　(3)80　(4)73　(5)38
　(6)76　(7)4　(8)8　(9)21　(10)10

2 (1)21　(2)7　(3)90　(4)10

3 (式)□÷5=13　　(答え)65

4 (1)(式)□×8=56　　(答え)7
　(2)(式)75−□=18　　(答え)57

5 (1)(式)□×3=150　　(答え)50円
　　また，150÷□=3 の式でもよい。
　(2)(式)□÷4=30　　(答え)120 cm
　(3)(式)□×8=600−40　　(答え)70円
　　また，式は，つぎのどの式でもよい。
　　　□×8+40=600
　　　600−□×8=40
　　　40+□×8=600
　　など。

6 (式)□=15×4+3=63　63÷3=21
　　　(答え)ある数63　正しい答え21

とき方

1 (1)□=135−84　□=51
　(2)□=132−85　□=47
　(3)□=52+28　□=80
　(4)□=38+35　□=73
　(5)□=76−38　□=38
　(6)□=103−27　□=76
　(7)□=32÷8　□=4
　(8)□=72÷9　□=8
　(9)□=63÷3　□=21
　(10)□=50÷5　□=10

2 等号(=)の左右が等しくなるような数を見つけます。先に，等号の右がわを計算して考えます。
　(1)□×4=100−16
　　□×4=84
　　□=84÷4
　　□=21
　(2)63÷□=44−35
　　63÷□=9
　　□=63÷9
　　□=7
　(3)□÷6=12+3
　　□÷6=15
　　□=15×6
　　□=90
　(4)6×□=43+17
　　6×□=60

□=60÷6
□=10

3 □÷5=13
　□=13×5
　□=65

4 (1)□=56÷8
　(2)□=75−18

5 (1)□=150÷3
　(2)□=30×4
　(3)□=(600−40)÷8

6 まちがえた計算式から，ある数をもとめます。

1 (1)4　(2)4　(3)8　(4)1　(5)4　(6)6　(7)0
　(8)20　(9)33

2 (式)20÷4=5　　(答え)5 cm

3 (式)24÷2=12　40÷2=20
　　　　(答え)男子12人　女子20人

4 (式)42÷2=21　64÷2=32
　　　　　(答え)赤21本　黒32本

5 (1)7あまり2　(2)5あまり1
　(3)5あまり3　(4)6あまり5　(5)9
　(6)4あまり6　(7)6あまり3
　(8)8あまり7　(9)7あまり3

6 (式)75÷9=8あまり3
　　(答え)8本ずつで，3本のこる。

7 (1)7　(2)560　(3)12　(4)9

8 あかねさんとまゆみさん

とき方

2 正方形の4辺の長さは同じなので，20を4でわります。

3 1つのグループの男子の人数を計算し，そのあとで女子の人数を計算します。

4 1クラスの赤いボールペンの数を計算し，そのあとで黒いボールペンの数を計算します。

7 (1)□=56÷8
　(2)□=1243−683
　(3)□=(17+31)÷4
　(4)□=63÷(85−78)

8 あかねさん □÷8=9　□=9×8=72
　とうまさん □÷7=10　□=10×7=70
　まゆみさん □÷4=18　□=18×4=72

13 時こくと時間

ステップ **1**

62～63ページ

1 (1)41分　(2)33分　(3)17分

2 (1)2時44分
　　(2)3時4分
　　(3)1時54分

3 午後6時25分

4 (1)48　(2)180
　　(3)240　(4)150
　　(5)1, 15

5 (1)9時30分　(2)8分30秒
　　(3)6時20分　(4)5分50秒

6 午前8時13分

7 午前10時19分55秒

とき方

1 (1)いまの時こくは，11時19分です。
　　(2)いまの時こくは，11時27分です。
　　(3)いまの時こくは，11時43分です。

2 (1)2時24分+20分=2時44分
　　(2)2時24分+40分=2時64分=3時4分
　　(3)2時24分−30分=1時84分−30分
　　　=1時54分
　　べつのとき方　2時24分の24分前は2時です。
　　30分前は2時の 30−24=6（分前）なので，1
　　時54分です。

3 午後3時25分+3時間=午後6時25分

4 (1)1日は24時間です。
　　(2)(5)1時間は60分です。
　　(3)(4)1分は60秒です。

5
	(1) 時	分		(2) 分	秒
	3	10		1	40
+	6	20	+	6	50
	9	30		7	90
			+	1	−60
				8	30

	(3) 時	分		(4) 分	秒
	9	50		7	80
−	3	30		8̶	2̶0̶
	6	20	−	2	30
				5	50

6 午前8時25分−12分=午前8時13分

7 午前10時10分10秒+9分45秒
　　=午前10時19分55秒

ステップ **2**

64～65ページ

1 (1)120
　　(2)72
　　(3)80
　　(4)1, 45
　　(5)1, 13

2 (1)8時50分　(2)43分40秒
　　(3)6時10分　(4)10分10秒
　　(5)8時20分　(6)11分40秒

3 9時55分

4 1時間30分

5 午後2時10分

6 (1)3時38分
　　(2)4時42分

とき方

1 (1)(3)(4)1時間は60分です。
　　(2)1日は24時間です。
　　(5)1分は60秒です。

2
	(1) 時	分		(2) 分	秒
	5	42		18	25
+	3	8	+	25	15
	8	50		43	40

	(3) 時	分		(4) 分	秒
	3	30		18	40
+	2	40	−	8	30
	5	70		10	10
+	1	−60			
	6	10			

	(5) 時	分		(6) 分	秒
	17	35		19	90
−	9	15		2̶0̶	3̶0̶
	8	20	−	8	50
				11	40

3 9時+45分+10分=9時55分

4
	時	分
	7	70
	8̶	1̶0̶
−	6	40
	1	30

5 3時15分−1時5分=2時10分

6 (1)4時−5分−17分=4時−22分
　　=3時38分
　　(2)4時+25分+17分=4時+42分
　　=4時42分

15

14 長さ

ステップ**1**　　66～67ページ

1 (1)4 m 85 cm　(2)5 m 13 cm
　(3)7 m 10 cm　(4)7 m 36 cm

2 (1)cm　(2)km　(3)m　(4)mm

3 (1)3　(2)2, 450
　(3)8000　(4)2080
　(5)1000, 100000, 1000000

4 (1)800 m
　(2)650 m
　(3)(式) 800−650=150
　　　　（答え）道のりが 150 m 長い。

とき方

1 1目もりは1cmを表しています。

2 長さのたんいには, mm, cm, m, km があります。どのたんいを使って表すかは, だいたい決まっています。身のまわりに, どんなたんいが使われているか調べてみましょう。

3 (4)下のような表をつくっておくとべんりです。

km			m
2		8	0

4 道のりは道にそってはかるので, まがったり, おれたりしていく長さを, そのとおりにはかります。きょりは, 2つの点を直線でむすんだ長さです。

ステップ**2**　　68～69ページ

1 (1)2, 368　(2)3, 6
　(3)6236　(4)1005
　(5)3156　(6)4, 7, 1

2 (1)>　(2)<

3 (1)(式) 180+200=380　（答え）380 m
　(2)(式) 380−300=80
　　　　　　（答え）道のりが 80 m 長い。

4 (1)(式) 1300+900=2200
　　　　　2200 m=2 km 200 m
　　　　　　　　　（答え）2 km 200 m
　(2)(式) 2200+1100=3300
　　　　　3300 m=3 km 300 m
　　　　　　　　　（答え）3 km 300 m
　(3)(式) 1300−900=400
　　　　　（答え）学校までが 400 m 遠い。

　(4)(式) 900+1100=2000
　　　　　2000−1300=700
　　　　　（答え）学校までが 700 m 近い。
　(5)(式) 2200−2000=200
　　　　　（答え）学校から交番のほうが 200 m 遠い。
　また, どちらもたろうさんの家から交番までは同じだから
　1300−1100=200 (m) でもくらべられます。

とき方

1 下のような表をつくって考えましょう。

km			m	
2	3	6	8	…(1)
3	0	0	6	…(2)
6	2	3	6	…(3)
1			5	…(4)

m		cm	mm	
3	1	5	6	…(5)
4	0	7	1	…(6)

2 どちらも同じたんいにします。
　(1)3 km 20 m=3020 m
　(2)5 km 600 m=5600 m

3 (1)道のりなので, 道にそってはかります。
　(2)きょりは, ゆうとさんの家と学校を直線でむすんだ長さなので, 300 m です。

4 (1)(学校から交番までの道のり)
　　＝(学校からたろうさんの家までの道のり)
　　＋(たろうさんの家から交番までの道のり)
　(2)(学校から駅までの道のり)
　　＝(学校から交番までの道のり)
　　＋(交番から駅までの道のり)
　(4)(たろうさんの家から駅までの道のり)
　　＝(たろうさんの家から交番までの道のり)
　　＋(交番から駅までの道のり)

15 重さ

ステップ**1**　　70～71ページ

1 (1)800 g　(2)560 g　(3)2 kg 350 g
　(4)25 kg 200 g　(5)48 kg 400 g
　(6)34 kg 600 g

2 (1)660 g　(2)4 kg 500 g　(3)7 kg 700 g

3 (1)3000 (2)9 (3)2400 (4)3, 680
(5)1000
4 (1)kg (2)g (3)g
5 (1)< (2)<
6 (1)9 kg (2)3 kg 200 g (3)2 kg 360 g

とき方

1 (1)(2)(3)1目もりは，10gを表しています。
(4)(5)(6)1目もりは，100gを表しています。
2 (1)1目もりは，5gを表しています。
(2)(3)1目もりは，50gを表しています。
3 tとkgとgのかんけいの表をつくります。

t		kg			g	
		3				…(1)
	9	0	0	0		…(2)
		2	4	0	0	…(3)
		3	6	8	0	…(4)
1						…(5)

4 1円玉1まいの重さは，およそ1gになっています。1円玉を使って，いろいろな物の重さを調べることができます。
5 どちらも同じたんいにします。
(1)3 kg=3000 g (2)1 kg=1000 g
6 (1) kg (2) kg g (3) kg g

```
(1)  kg       (2)  kg  g      (3)  kg   g
      4             700            4 060
    + 5           +2 500         -1 700
      9            3 200          2 360
```

ステップ2　　72～73ページ

1 (1)8000 (2)4000 (3)7 (4)2200
(5)5085 (6)4, 803 (7)2000
(8)6, 82 (9)4, 50 (10)7020
2 (1)750 g (2)325 g (3)20 kg 200 g
(4)3 kg 400 g (5)560 g (6)2 kg 300 g
(7)6 kg 700 g (8)1 kg 400 g
3 (1)10 kg 60 g (2)3 kg 680 g
(3)2 kg 350 g (4)8 kg 980 g
(5)2 kg 600 g
4 (式) 390-80=310 　(答え) 310 g
5 (式) 2 kg 500 g-250 g=2 kg 250 g
　　　　　　　　　(答え) 2 kg 250 g
6 (式) 28+19=47　47+5=52
　　　　　　　　　(答え) 52 kg
または，28+19+5=52 でもよい。

とき方

1 tとkgとgのかんけいの表をつくります。

t		kg			g	
		8				…(1)
		4				…(2)
	7	0	0	0		…(3)
	2	2	0	0		…(4)
		5	8	5		…(5)
		4	8	0	3	…(6)
2						…(7)
	6	0	8	2		…(8)
	4	0	5	0		…(9)
		7	2	0		…(10)

2 (1)1目もりは，50gを表しています。
(2)1目もりは，5gを表しています。
(3)1目もりは，20gを表しています。
(4)1目もりは，50gを表しています。
(5)1目もりは，5gを表しています。
(6)(7)(8)1目もりは，50gを表しています。

3

```
(1)  kg    g      (2)  kg    g
      7 020            2 080
    + 3 040          + 1 600
     10 060            3 680

(3)  kg    g      (4)  kg    g
      5 030           13 000
    - 2 680          -  4 020
      2 350            8 980

(5)  kg    g       kg    g
      8 000         4 300
    - 3 700        -1 700
      4 300         2 600
```

4 べん当の重さから，べん当箱の重さをひきます。
5 全体の重さから，かごの重さをひきます。
6 そうたさんの体重と弟の体重をたします。お母さんの体重は，それより5kg重いので，さらに5をたします。

13～15
ステップ3　　74～75ページ

1 (1)26分 (2)2時間12分
2 (1)1, 250 (2)3080 (3)5004
(4)7, 6
3 (1)5時6分20秒 (2)10時55分10秒
4 3時6分まで
5 (1)(式) 640+280=920
　　　　　920+920=1840
　　　　　1840 m=1 km 840 m
　　　　　　　　　(答え) 1 km 840 m

(2)(式) 1715-640-280=795
　　　　　　　　　　(答え) 795 m
(3)(れい)行きも帰りも，公園を通りぬければよい。
6 (1)370 g (2)450 g
7 (1)< (2)>

とき方

1 (1) 時　分　(2) 時　分
　　　5　54　　　　5　48
　　−5　28　　　−3　36
　　　　　26　　　　2　12

4 お兄さんは，スーパーから家まで走り，そのあと家からスーパーまで走るので，もどってくるのに 8+8=16（分）かかります。
5 (1)640+280+280+640=1840 でも同じけっかになりますが，かた道の道のりを先にもとめるほうがかんたんです。
(3)学校の前を通るとき 640+280=920（m）
公園を通りぬけるとき 795 m
6 (1)1目もりは，10 g を表しています。
(2)1目もりは，50 g を表しています。
7 左の式と右の式を計算してからくらべます。
(1)3 kg+2 kg 300 g=5 kg 300 g
3 kg 60 g+2 kg 250 g=5 kg 310 g
(2)5 kg−3 kg 40 g=1 kg 960 g
540 g+1 kg 90 g=1 kg 630 g

16 小数

ステップ1　76~77ページ

1 (1)0.6 dL　(2)0.3 dL　(3)0.8 dL
2 (1)0.2　(2)0.5　(3)0.9　(4)1.2
(5)1.7　(6)2.2
3 (1)8　(2)6.4　(3)20.6　(4)13　(5)5.7
4 (1)0.4<0.5 (2)1>0.1
(3)0<0.1 (4)2.3<3.2
(5)6.1>1.6

とき方

1 1目もりは1 dL を10等分していますから，0.1 dL になっています。
目もりの数を数えましょう。

2 1目もりは，0.1 を表しています。
3 小数も1つの位の数が10こ集まったら上の位に上がります。

> **ここに注意**　小数について下のことをしっかりおぼえましょう。$\frac{1}{10}$ の位が10こ集まったら，一の位に上がります。
>
> 1 ． 3
> ⋮　⋮　⋮
> 一の位　小数点　$\frac{1}{10}$の位　小数第一位

4 大きい位からじゅんにくらべます。

ステップ2　78~79ページ

1 (1)0.3, 0.5, 0.7, 0.9
(2)0.2, 0.4, 0.6, 0.8
(3)0.3, 1.3, 3.0, 3.3
(4)0.5, 1, 2.4, 3.7
2 (1)26 (2)4.6 (3)12 (4)8.2 (5)30
(6)0.9 (7)5.3 (8)2.4
3 (1)1.2 dL (2)2.5 dL
4 (1)0.8 (2)1.6 (3)2.4 (4)2.7 (5)3.3
(6)4.1 (7)4.5 (8)4.9
5 (1)まことさん
(2)あけみさん

とき方

1 大きい位からじゅんにくらべます。
2 表をつくって考えます。

cm	mm	
2	6	(1)
4	6	(2)

L	dL	
1	2	(3)
8	2	(4)
5	3	(7)

m	cm	
0 ． 3		(5)
9 ． 0		(6)

km	m	
2 ． 4 0 0		(8)

3 1目もりは，0.1 dL を表しています。
4 1目もりは，0.1 を表しています。
5 たんいが同じなので，1.2, 0.5, 0.9 をくらべます。

17 小数のたし算とひき算

ステップ1 80〜81ページ

1 (1)0.5 (2)1.5 (3)3.7 (4)5.8 (5)6
(6)8.7

2 (1)0.4 (2)1.1 (3)1.6 (4)1.8 (5)4.4
(6)2.9

3 (1)0.7 (2)1.2 (3)3.9 (4)3.6 (5)6.2
(6)4.2

4 (1)0.6 (2)1.5 (3)1.2 (4)0.6 (5)1.2
(6)1.5

5 (1)(式) 3.2+5.8=9 (答え) 9m
(2)(式) 5.8−3.2=2.6
(答え) 赤いロープが2.6m長い。

とき方

1 小数のたし算は，整数と同じように同じ位どうしたして計算します。

> **ここに注意** (1)一の位の0と小数点を書きわすれないようにします。
> (5)小数点以下の数字が0のときは，0を消すのをわすれないようにします。

2 小数のひき算は，整数と同じように同じ位どうしひいて計算します。

> **ここに注意** (1)一の位の0と小数点を書きわすれないようにします。

3 筆算を使って計算するときは，位をそろえて書きます。

```
(2)    1      (4)   1.6
     + 0.2        + 2
      1.2          3.6
```

4
```
(2)   2.0     (3)   4.2
    − 0.5         − 3
      1.5           1.2
```

5 (1)つなげるので，たし算になります。
(2)長さのちがいなので，ひき算になります。

ステップ2 82〜83ページ

1 (1)0.8 (2)1.1 (3)1.5 (4)2.5 (5)2.2
(6)2 (7)6.1 (8)12.3

2 (1)0.2 (2)0.7 (3)0.6 (4)1.7 (5)4.7
(6)2.6 (7)1.5 (8)1.8

3 (1)14 → 1.4 (2)6 → 0.6
(3)2 → 2.0, 3.4 → 5.2 (4)2.1 → 1.9

(5)3 → 3.0, 9.1 → 6.4 (6)33 → 3.3

4 (1)11.9 (2)3 (3)4.3 (4)6.7

5 (1)(式) 1.1−0.6=0.5
(答え) アのびんが0.5L多い。
(2)(式) 1.1+0.6=1.7 (答え) 1.7L
(3)(式) 2−1.7=0.3 (答え) 0.3L

とき方

3 (1)(2)(6)小数点をつけわすれています。
(3)(5)位がずれています。
(4)一の位で，ひく数からひかれる数をひいています。

4
```
(1)   2.8    (2)   6.3        5.4
      3.4        − 0.9      − 2.4
    + 5.7          5.4        3.0
     11.9
```
```
(3)   5.7        0.8    (4)   2.6       10.5
    − 4.9      + 3.5        + 7.9     −  3.8
      0.8        4.3         10.5        6.7
```

5 (1)かさのちがいなので，ひき算になります。
(2)あわせるので，たし算になります。

18 分数

ステップ1 84〜85ページ

1 (1)$\frac{1}{4}$m (2)$\frac{3}{5}$m (3)$\frac{5}{7}$m (4)$\frac{7}{10}$m

2 (1)
(2)
(3)
(4)

3 (1)$\frac{5}{6}$ (2)4 (3)$\frac{1}{9}$ (4)$\frac{1}{10}$

4 (1)< (2)> (3)< (4)< (5)> (6)<

5 (1)$\frac{1}{6}$m, $\frac{3}{6}$m, $\frac{5}{6}$m
(2)$\frac{4}{10}$m, $\frac{7}{10}$m, $\frac{9}{10}$m
(3)$\frac{3}{8}$, $\frac{5}{8}$, $\frac{7}{8}$ (4)$\frac{1}{4}$, $\frac{3}{4}$, 1

とき方

1 全体をいくつに分けてあるか調べます。分けられた数が分母になります。そのいくつ分になっ

19

ているかが分子になります。

(2)$\frac{3}{5}$……いくつ分(分子)
　　……分けた数(分母)

2 (1)(3)目もりで切ると，10こに分かれます。
(2)(4)目もりで切ると，12こに分かれます。

3 分子は，分けた1つ分をいくつ集めたかを表します。$\frac{1}{6}$ の5こ分は $\frac{5}{6}$ になります。

4 同じ分母の分数では，分子の大きいほうが大きい分数です。また，1は，分母と分子が同じ数の分数といえます。

(6)$1=\frac{5}{5}$　　$\frac{4}{5}<\frac{5}{5}$

5 (1)(2)たんいはすべて m なので，分数の大きさでくらべます。

(4)$1=\frac{4}{4}$ になおして考えます。

ステップ2　　86〜87ページ

1 (1)$\frac{1}{4}$　(2)$\frac{4}{5}$　(3)$\frac{2}{6}$　(4)$\frac{6}{8}$

2 (1)3　(2)$\frac{5}{9}$　(3)5　(4)$\frac{1}{5}$

3 (1)＞　(2)＜　(3)＞　(4)＞

4 (1)10　(2)0.1　(3)0.3　(4)$\frac{7}{10}$

5 (1)○　(2)$\frac{4}{5}$ dL　(3)$\frac{5}{8}$ dL　(4)○

6 (1)$\frac{4}{5}$，$\frac{3}{5}$，$\frac{2}{5}$　(2)$\frac{7}{9}$，$\frac{6}{9}$，$\frac{2}{9}$

(3)$\frac{6}{7}$ dL，$\frac{3}{7}$ dL，$\frac{2}{7}$ dL

(4)$\frac{9}{10}$ cm，0.8 cm，$\frac{3}{10}$ cm

とき方

1 いくつに分けられていて，そのうちいくつ分ぬられているかを考えます。

ここに注意 分数は $\frac{2}{6}=\frac{1}{3}$，$\frac{6}{8}=\frac{3}{4}$ のように，かんたんな分数になおすことができます。3年生では，かんたんにしないで，そのまま表すことにしました。かんたんにするのは，5年生になったら学習します。

2 たんいが同じときは，たんいをはずして分数だけで考えます。

3 たんいが同じときは，分数の大きさでくらべます。

---

4 $0.1=\frac{1}{10}$

5 (1)目もりで，4つに分かれています。
(2)目もりで，5つに分かれています。
(3)目もりで，8つに分かれています。
(4)目もりで，10こに分かれています。

6 (3)(4)たんいが同じときは，分数の大きさでくらべます。

19 分数のたし算とひき算

ステップ1　　88〜89ページ

1 (1)$\frac{2}{10}$　(2)$\frac{2}{5}$　(3)$\frac{3}{6}$　(4)$\frac{3}{10}$　(5)$\frac{4}{7}$

(6)$\frac{5}{9}$

2 (1)$\frac{8}{10}$　(2)$\frac{3}{7}$　(3)$\frac{3}{8}$　(4)$\frac{1}{6}$　(5)$\frac{2}{5}$　(6)$\frac{1}{4}$

3 (1)$\frac{3}{4}$　(2)$\frac{4}{5}$　(3)$\frac{1}{6}$　(4)$\frac{3}{8}$

4 (1)(式) $\frac{3}{5}+\frac{2}{5}=\frac{5}{5}$　(答え) 1 L $\left(\frac{5}{5}$ L$\right)$

(2)(式) $\frac{3}{5}-\frac{2}{5}=\frac{1}{5}$　(答え) $\frac{1}{5}$ L

とき方

1 分母が同じときは，分子どうしをたします。

2 分母が同じときは，分子どうしをひきます。

3 (1)$\frac{1}{4}+\frac{2}{4}$

(2)$\frac{2}{5}+\frac{2}{5}$

(3)$\frac{3}{6}-\frac{2}{6}$

(4)$\frac{6}{8}-\frac{3}{8}$

4 (1)あわせるので，たし算になります。
(2)かさのちがいなので，ひき算になります。

ステップ2　　90〜91ページ

1 (1)$\frac{5}{6}$　(2)1　(3)$\frac{3}{4}$　(4)$\frac{1}{5}$

2 (1)(式) $1-\frac{1}{4}=\frac{3}{4}$　(答え) $\frac{3}{4}$ L

(2)(式) $\frac{3}{4}-\frac{1}{4}=\frac{2}{4}$　(答え) $\frac{2}{4}$ L

3 (1) $\frac{2}{4}$　(2) $\frac{5}{6}$　(3) $\frac{5}{9}$　(4) $\frac{7}{10}$　(5) $\frac{8}{8}$ (1)

　(6) $\frac{3}{7}$　(7) $\frac{1}{3}$　(8) $\frac{5}{10}$　(9) $\frac{1}{5}$　(10) $\frac{5}{9}$

4 (1)（式）$\frac{4}{8}-\frac{3}{8}=\frac{1}{8}$

　　　　　　　　（答え）妹が $\frac{1}{8}$ 本多い。

　(2)（式）$\frac{3}{8}+\frac{4}{8}=\frac{7}{8}$　（答え）$\frac{7}{8}$ 本

　(3)（式）$1-\frac{7}{8}=\frac{1}{8}$　（答え）$\frac{1}{8}$ 本

👥 とき方

1 (1) $\frac{2}{6}+\frac{1}{6}+\frac{2}{6}$

　(2) $\frac{4}{8}+\frac{2}{8}+\frac{2}{8}$

　(3) $\frac{2}{4}-\frac{1}{4}+\frac{2}{4}$

　(4) $\frac{2}{5}+\frac{2}{5}-\frac{3}{5}$

2 のこっているりょうなので，ひき算になります。

4 (1) ちがいなので，ひき算になります。
　(2) あわせたりょうなので，たし算になります。

16~19
ステップ3
92〜93ページ

1 (1) 6　(2) $\frac{1}{9}$　(3) 6　(4) 7.3

2 (1) 正しくない。

　(2)（れい）$\frac{7}{10}$ L は 0.7 L。0.7 L は 0.5 L

　　　より多いので，ジュースのほうが多い。

3 (1) 18　(2) 12.3　(3) 3.7　(4) 4　(5) $\frac{9}{10}$

　(6) $\frac{3}{7}$

4 (1) 14.1　(2) 4　(3) $\frac{3}{4}$　(4) $\frac{3}{5}$

5 (1) ＞　(2) ＝　(3) ＜　(4) ＞

6 (1)（式）2.3−1.4=0.9
　　　（答え）けんたさんが 0.9 L 多く入れた。
　(2)（式）1.4+2.3=3.7　（答え）3.7 L
　(3)（式）10.5−3.7−3.7=3.1

　　　　　　　　　　　　（答え）3.1 L

👥 とき方

2 分数を小数になおしてくらべます。小数を分数
　になおしてくらべてもよい。

3 (1) 5.7+8.7+3.6=14.4+3.6=18
　(2) 10−3.5+5.8=6.5+5.8=12.3
　(3) 1.3+4.5−2.1=5.8−2.1=3.7
　(4) 9.2−2.7−2.5=6.5−2.5=4

4 (1) 3.7+4.1+6.3=(3.7+6.3)+4.1
　　　=10+4.1=14.1
　(2) 8−2.2−1.8=8−(2.2+1.8)=8−4=4
　(3) $\frac{2}{7}-\frac{1}{4}+\frac{5}{7}=\left(\frac{2}{7}+\frac{5}{7}\right)-\frac{1}{4}=1-\frac{1}{4}=\frac{3}{4}$
　(4) $\frac{4}{9}-\frac{2}{5}+\frac{5}{9}=\left(\frac{4}{9}+\frac{5}{9}\right)-\frac{2}{5}=1-\frac{2}{5}=\frac{3}{5}$

5 分数になおしたり，小数になおしたりして，左の
　式と右の式を同じ形にしてくらべます。

6 (1) ちがいなので，ひき算になります。
　(2) あわせるので，たし算になります。

20 ぼうグラフと表

ステップ1
94〜95ページ

1 (1) 63 台
　(2) 129 台
　(3) 147 台

2 (1) 1（人）
　(2) 2（けん）
　(3) 5（円）
　(4) 20（まい）

3 (1) ㋐ 10 人　㋑ 6 人　㋒ 18 人　㋓ 14 人
　(2) ㋐ 25 人　㋑ 15 人　㋒ 45 人　㋓ 35 人

4 (1) 読書調べ　(2) 1 人
　(3)（人）　（読書調べ）

👥 とき方

1 いろいろな回数を調べるのに，右のよう
　な正の字がふつう使われます。正の字は

正

１つで５回を表しています。
もちろん正の字ではなく，ほかの表し方もできます。（れい）||||

2 (1)５目もりで，５人です。
　(2)５目もりで，10けんです。
　(3)５目もりで，25円です。
　(4)５目もりで，100まいです。

3 (1)人数＝目もりの数×2
　(2)人数＝目もりの数×5

┌─────────────────────────────┐
│ ここに注意　ぼうの長さで，いろいろなも │
│ のの大きさを表すグラフが，ぼうグラフです。 │
│ ぼうグラフは，いちばんはしを0として，じゅ │
│ んに目もりがつけられています。 │
└─────────────────────────────┘

4 (2)５目もりで，５人です。

1 (1)９月10日
　(2)４つ
　(3)本町，西川町，白石町，東山町
　(4)２倍
　(5)94人

2 (1)ねだん
　(2)40円
　(3)げきの話 960円，海の動物 800円，
　　月旅行 1120円

3 (1)人数　(2)１人
　(3)(4)下の図

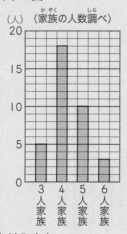

（人）　　（家族の人数調べ）

4 (1)あけみさん
　(2)なおとさんの国語
　(3)なおとさんが32点多い。

とき方
1 (5)４つの町の人数をたします。

2 (2)５目もりで，200円です。
　(3)グラフが1200よりも下にあるものをえらびます。

3 (2)たてに目もりが20あるので，１目もり１人としてかくことができます。

┌─────────────────────────────┐
│ ここに注意　目もりの数が少なかったら， │
│ １目もりを２人にしたり５人にしたりしなけれ │
│ ばなりません。できるだけ１目もりの数を小さ │
│ くすると，グラフが大きく見やすくなります。 │
└─────────────────────────────┘

4 (1)あけみさんの国語の点数は84点，なおとさんの国語の点数は56点です。
　(2)グラフがいちばん短いものをえらびます。
　(3)あけみさんの算数の点数は60点，なおとさんの算数の点数は92点です。

┌──────┐
│ 21 │ 円と球
└──────┘

1 (1)× (2)× (3)○ (4)× (5)× (6)×
2 (れい)

3 (1)直径…12cm
　　半径…6cm
　(2)直径…8cm
　　半径…4cm
4 (1)直線アウ
　(2)直線キコ，直線キク，直線キケ
5 イ

とき方
2 半径は，円の中心と円のまわりを直線でむすびます。直径は，円のまわりから中心を通る直線を引き，そのまま反対側の円のまわりまでのばします。
3 直径＝半径×2 です。
4 (1)いちばん長くなるのは，直径です。
　(2)直線カキは円の半径です。ほかに半径を表している直線をえらびます。
5 アの辺の長さをコンパスではかって，イの線にしるしをつけてくらべます。

イ ——)——)——)——)——(あまる

ステップ **2**　　100〜101ページ

1 (1)直径
　(2)おり目　半径　かど　中心
2 (1)円　(2)円　(3)円
3 (1)25 cm
　(2)

ア ——————————— イ

4 (1)4, 7, 9
　(2)2, 5, 8, 11
5 (1)(れい)正方形を, まん中で2回おる。
　(2)4 cm
6 (1)7 cm　(2)5 こ

とき方
3 (1)5×5＝25
4 (1)6の点を中心にして, 半径 1 cm の円をかきます。
　(2)6の点を中心にして, 半径 2 cm の円をかきます。

5

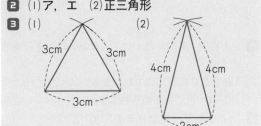

中心　中心

6 (1)21÷3＝7　(2)35÷7＝5

22 三角形

ステップ **1**　　102〜103ページ

1 (1)イ, ウ　(2)二等辺三角形
2 (1)ア, エ　(2)正三角形
3 (1)

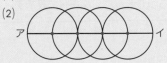

3cm　3cm
3cm

(2)
4cm　4cm
2cm

4 (1)2, 1, 3　(2)1, 3, 2
5 (1)イ, ウ　(2)エ, オ, カ

とき方
1 2つの辺の長さが同じになっている三角形を二等辺三角形といいます。
2 3つの辺の長さが同じ三角形を正三角形といいます。
3 (1)3 cm の直線をかきます。コンパスを使って, 線の両はしから 3 cm のところにしるしをつけ, しるしが交わった点と線の両はしを直線でむすびます。
　(2)2 cm の直線をかきます。コンパスを使って, 線の両はしから 4 cm のところにしるしをつけ, しるしが交わった点と線の両はしを直線でむすびます。
4 (1)は, 右の三角じょうぎの㋐の角(直角)をもとにして直角より大きい角, 直角より小さい角で調べます。

㋑　㋐

　(2)は, 右の三角じょうぎの㋑の角をもとにして, ㋑の角より大きい角, ㋑の角より小さい角で調べます。

> **ここに注意**　角の大きさは, 角の辺の長さできまるのではありません。2つの角の辺の開き方が大きいか小さいかによって, 角の大きさがきまります。
>
> 辺
> ちょう点　辺

5 (1)二等辺三角形では, 2つの角が同じ大きさになっています。

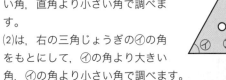

　(2)正三角形の3つの角は, みんな同じ大きさになっています。

ステップ **2**　　104〜105ページ

1 (1)二等辺三角形　(2)4 cm　(3)コ
　(4)キ, ク
2 (1)2 倍
　(2)4つとも同じ長さになっている。
3 (1)ア　(2)6 まい
4 (1)二等辺三角形
　(2)ア
　(3)(れい)オとアをむすんだ線の長さが, オとエの長さの2倍になっている。これで

紙を開くと３つの辺の長さが同じになって，正三角形になる。

とき方

1 アイ，アウ，アエ，アオは半径です。

2 正三角形の角はすべて 60° で，辺の長さはどれも同じです。

3 アとイの形をうつしとって，ならべてみます。

4 エからの長さが，オの点と同じイの点をむすんで紙を開くと，右の上図のように二等辺三角形になってしまいます。エオの長さの２倍になっているアオの線で切って紙を開いてみると，右の下図のように正三角形になります。

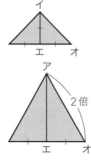

4 アとエの角は，うすい紙にどちらかをうつして，重ねてみるようにします。角の辺の一方を重ねて調べてみます。

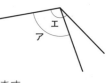

5 (1) １組だけのグラフを調べます。
(2) ２組だけのグラフを調べます。
(3) １組のグラフよりも２組のグラフのほうが長いものをえらびます。

6 ㋐の形をうつしとって，ならべてみます。

---

23 いろいろな問題 ①

ステップ1   108〜109ページ

1 みのるさんが 1700 円多い。

2 56 kg

3 48 才

4 7 羽

5 8 人

とき方

1 750+950=1700

> **ここに注意** 問題をとくときにテープ図や線分図を使うと問題の意味がよくわかります。ここでは，２本の線分を使って，２人のちょ金のようすを表します。どれだけちょ金しているかがわからなくても，ちがいは，わかります。

2 問題文のとおりにといていきます。
27+18 ……お母さんの体重
27+18+11=56 ……お父さんの体重

3 お兄さんの年れいは，かけるさんの年れいの２倍だから，
8×2=16（才）
お父さんの年れいは，お兄さんの年れいの３倍だから，
16×3=48（才）

4 28 羽は，あやかさんが１人でおったときの４倍だから，
（あやかさんが１人でおった数）×4=28
28÷4=7 でもとめられます。

5 のこった２ m をひきます。26−2=24
そこから３ m ずつ分けるので，24÷3=8

20〜22
ステップ3   106〜107ページ

1 (1) 中心 (2) 2

2

3 (1) 24 cm (2) 110 円 (3) 65 m
(4) 800 人 (5) 700 こ

4 (1) イ (2) エ，ア，イ，ウ

5 (1) 犬 (2) ねこ (3) ねこ，ライオン

6 ㋑○ ㋒○ ㋓× ㋔○ ㋕×

とき方

1 (1) 直径の真ん中が，円の中心です。

2 点アを中心に半径 4 cm の円をかき，点イを中心に半径 3 cm の円をかき，点ウを中心に半径 5 cm の円をかきます。
この３つの円が交わるところが，たから物のかくし場所です。

3 (1) 5 目もりで，10 cm です。
(2) 5 目もりで，50 円です。
(3) 5 目もりで，25 m です。
(4) 5 目もりで，500 人です。
(5) 5 目もりで，250 こです。

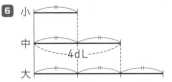

まず，小のコップのりょうをもとめます。中の
コップは小のコップの2倍のりょうが入ります。
中のコップに4dL入るので，小のコップには，
4dL÷2で2dL入ります。大のコップは小のコ
ップの3倍だから，
2dL×3で6dL入ります。

7

上の図から，こうじさんとたくみさんのちがい
は 15−8＝7（cm）です。

ステップ2 110〜111ページ

1 9日間
2 72こ
3 39 dL
4 19人
5 120円
6 6 dL
7 7 cm

とき方

1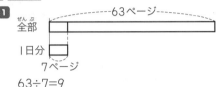

63÷7＝9

2 | 9こ | 9こ | 9こ | 9こ | 9こ | 9こ | 9こ | 9こ |

9×8＝72

> **ここに注意** 72こがもとめられたら，た
> しかめをすることも大切です。
> 72÷9＝8 8人に分けられます。

3 「分けていくと」ということから，わかります。

のこり 3dL

4×9＝36 36＋3＝39

4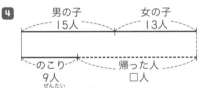

まず全体の人数をもとめます。
15＋13＝28 ……男女あわせた人数
つぎに，何人か帰ってのこったのは9人だから，
28−□＝9 となり，28−9で帰った人数がもと
められます。

5

えん筆の代金＋消しゴムの代金＋ノートの代金＝
300円 になります。つまり，
100円＋80円＋ノートの代金＝300円
ノートの代金をもとめるには，
300円−100円−80円
＝300円−（100円＋80円）
になります。

---

24 いろいろな問題 ②

ステップ1 112〜113ページ

1 ともこさんがよしえさんに6こあげる。
2 かおり 40こ あゆみ 30こ
3 すすむ 9まい 兄 36まい
4 40まい
5 たろう 12m じろう 8m

とき方

1 54−42＝12 でともこさんがよしえさんより
12こ多く持っていることがわかります。この
多い分を2人で同じ数ずつ分けると同じ数にな
ります。12÷2＝6

2

みんなで70こあります。
かおりさんの多い分10こをのけておき，のこ
りを2人に分けます。かおりさんは10こ多く
なります。
70−10＝60 ……2人で分ける数
60÷2＝30 ……1人分（あゆみ）
30＋10＝40 ……かおり

3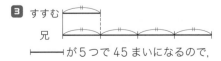

が5つで45まいになるので，

| つは，45÷5 で9まい分になります。
9×4=36 ……兄

4

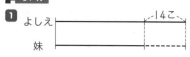

あきこ □まい
はるこ ○まい 10まい

10まいをうつすと2人のカードのまい数が同
じになります。
60−20=40（まい）は，○まい+□まい になり
ます。○まいと□まいは同じなので，
40÷2=20 ……あきこ
60−20=40 ……はるこ

5

たろう
じろう ─4m

たろうさんのテープとじろうさんのテープのち
がいは 4m なので，20−4=16 これを2人で分
けると，16÷2=8
これがじろうさんが持っているテープの長さに
なります。たろうさんは，じろうさんより 4m
長いので 8+4=12（m）

ステップ2 114〜115ページ

1 よしえ 44こ 妹 30こ
2 いちろう 40cm じろう 30cm
さぶろう 30cm
3 8まい
4 父 24まい 母 16まい まさる 8まい
5 赤組 14こ 白組 9こ 青組 13こ
6 りんご 35こ なし 8こ
7 8こ

とき方

1

よしえ ─14こ
妹

妹より多くなる 14こをひきます。
74−14=60 これを2人で分けるので
60÷2=30（こ）が妹の数になります。よしえ
さんは 14こ多くなるので，30+14=44（こ）
また，つぎのように考えることもできます。
はじめの数より 14こ多くあれば，2人は同じ数
に分けられます。
74+14=88 88÷2=44 ……よしえ
44−14=30 ……妹

2

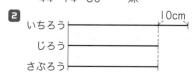

いちろう 10cm
じろう
さぶろう

いちろうさんだけ長い 10cm をひきます。
1m=100cm なので 100−10=90
これを3人で分けると 90÷3=30（cm）が1
人分になります。いちろうさんは 10cm 長いの
で 30+10=40（cm）

3

たけし ─64まい─
弟 48まい

たけしさんと弟のちがいは 64−48=16（まい）
です。この 16まいの半分 16÷2=8（まい）を
たけしさんが弟にあげると同じまい数になりま
す。

4

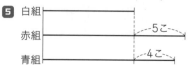

まさる
お母さん
お父さん

お母さんはまさるさんの2倍，お父さんはまさ
るさんの3倍なので，みんなで
1+2+3=6（倍）になります。48÷6=8 がま
さるさんの数です。
お母さんは 8×2=16（まい），
お父さんは 8×3=24（まい）です。

5

白組
赤組 ─5こ
青組 ─4こ

白組の数より多い分をひきます。36−5−4=27
3組で分けると 27÷3=9 となり，これが白組
の数です。赤組は 9+5=14（こ），
青組は 9+4=13（こ）です。

6

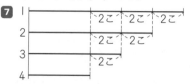

なし
りんご
3こ

全部でなしの数の5倍+3こなので，43−3=40
40÷5=8 がなしの数です。りんごの数は，
8×4+3=35（こ）です。

7

1 ─2こ─2こ─2こ
2 ─2こ─2こ
3 ─2こ
4

それぞれ，2こずつちがいますが，1番目と4番
目では 2×3=6（こ）ちがいます。
2番目と4番目では 2×2=4（こ）ちがいます。
ちがいをみんなあわせると，
6+4+2=12（こ）になります。
20−12=8 を4でわると，8÷4=2 で，4番目
のつみ木の数になります。いちばん高い列はこ

れより6こ多いので，2+6=8（こ）になります。

25 いろいろな問題 ③

ステップ1　116〜117ページ

1 (1)7本　(2)6本　(3)5本
2 (1)58 cm　(2)226 cm
3 48 m
4 2 m

とき方

1 (1)30÷5=6　6+1=7
(2)30÷5=6
(3)30÷5=6　6-1=5

> **ここに注意**　木を植えるとき，下のように3つの場合があります。
>
>
> —5m—
> 両はしに木を植えてある場合
> 　木の数＝間の数+1
>
>
> —5m—
> 右はしに木を植えてない場合
> 　木の数＝間の数
>
>
> —5m—
> 両はしに木を植えてない場合
> 　木の数＝間の数-1

2 (1)2まいをつなぐと　30×2=60（cm）
はりあわせが1つできるので，
60-2=58（cm）
(2)8まいつなぐと，はりあわせのか所は，
8-1=7 で，7か所になっています。
30×8=240（cm）…全体の長さ
2×(8-1)=14（cm）…はりあわせに使う長さ
240-14=226（cm）…実さいの長さ

3 2×24=48

> **ここに注意**　ぐるっとまわってもとにもどる形のまわりに木やくいをうつ場合は，くいの数12本と間の数12はいつも同じになっています。

4 両がわにさくらの木があり，間につつじを植えます。

さくら　つつじ　さくら

つつじを4本植えると，間は5つあることになります。
4+1=5　10÷5=2

ステップ2　118〜119ページ

1 18 m
2 12まい
3 128 cm
4 20本
5 5こ
6 11 cm
7 12本

とき方

1 10-1=9　2×9=18
2 右の図のように，たてに2本入れると3つに分かれ，横に3本入れると4つに分かれます。

2+1=3　3+1=4　3×4=12
3 20×7=140　2×6=12
140-12=128
4 5mおきに植えるので，
45÷5=9　9+1=10（本）
両がわに植えるので 10×2=20（本）
5 ●○○○●○○○●○○○●○○○●○○○●
黒いごいしの間は 7-1=6（こ）
白いごいしは 2×6=12（こ）なので，
12-7=5（こ）多くひつようです。
6 2m75cm=275 cm
がく4つのはばの合計は，55×4=220（cm）
間のはばの合計は，275-220=55（cm）
間の数は 4+1=5（こ）なので，
55÷5=11（cm）が間のはばになります。
7 たて6mの間に植えるきりの木は，6÷2=3
3-1=2（本）で，2辺あるので 2×2=4（本），
横10mの間に植えるきりの木は，10÷2=5
5-1=4　4×2=8（本）なので，全部で
4+8=12（本）になります。

ステップ3　　　120~121ページ

1 お兄さん 30 kg　お母さん 45 kg
　お父さん 75 kg
2 赤 5 まい　青 4 まい　黄 3 まい
3 大きい数 57　小さい数 22
4 580 円
5 3 cm
6 20 本
7 父 42 才　兄 11 才　弟 7 才

とき方

1 お父さんの体重は，25×3=75（kg）
　お兄さんの体重は，25+5=30（kg）
　お母さんの体重は，お父さんの体重からお兄さんの体重をひいて，75−30=45（kg）となります。

2 いちばん少ないのは黄色です。

12 まいから 3 まいをとると 9 まいで，この 9 まいは，黄・青・赤の同じ数が 3 つ集まっているので，9÷3=3（まい）で，黄の色紙のまい数ができます。青は黄より 1 まい多いから 4 まい，赤は青より 1 まい多いから 5 まいとなります。

3 あわせた数 79 は，小さい数の 4 倍−9 なので，
　小さい数は，79+9=88　88÷4=22
　大きい数は，22×3−9=57

4 えん筆 8 本の代金は，50×8=400（円）なので，筆箱のねだんは，980−400=580（円）になります。

5 6 本のテープの長さの合計は，15×6=90（cm）
　全体の長さは 75 cm になったので，
　90−75=15（cm）がつなぎめに使われています。テープのつなぎめは，6−1=5（か所）なので，15÷5=3（cm）が 1 つのつなぎめの長さになります。

6 くいの数とくいとくいの間の数は同じになります。
　1 つの辺が 10 m の正方形は，まわりの長さが 10×4=40（m）になります。

40 m を 2 m ずつ区切っていくと，40÷2=20 で 20 こに分けられます。つまり 20 本のくいがいります。

7 兄と弟との年のちがいは，
　53−49=4（才）

兄＋弟=18（才）
18−4=14 は，弟の年れいの 2 つ分なので，弟の年れいは，14÷2=7（才）
兄は，7+4=11（才）
父は，53−11=42（才）

そうふく習テスト①　　122~123ページ

1 (1)9　(2)3　(3)2　(4)4　(5)6　(6)9
2 (1)48　(2)210
　(3)2, 40　(4)1, 36
3 (1)台数　(2)5 台
　(3)トラック　(4)自転車
4 (1)821　(2)365　(3)2905　(4)5001
　(5)427　(6)359　(7)3627　(8)742
5 (1)4　(2)8　(3)6　(4)10　(5)33　(6)31
　(7)5 あまり 3
　(8)7 あまり 8
　(9)8 あまり 1
6 (式) 40÷6=6 あまり 4　　(答え) 7 かご
7 40 分

とき方

2 (1)1 日は 24 時間です。
　(2)(4)1 分は 60 秒です。
　(3)1 時間は 60 分です。
3 (3)2 ばん目に長いグラフをえらびます。
4 一の位からじゅんばんに計算します。くり上がりやくり下がりに注意します。
6 4 このこっている分のかごが 1 ついるので，7 かごいります。
7
```
  時　分
  2　70
  3　10
− 2　30
　　40
```

1 (1)64　(2)315　(3)609　(4)6468

2 (1)999980　(2)980000, 1000000

　　(3)3　(4)2080

3 (1)5　(2)一万の位　(3)10万

4 (式)　64×6=384

　　　　384−19=365　　（答え）365人

5 (1)7234　(2)8793　(3)5932　(4)989

6 (1)6, 7, 8, 9

　　(2)5, 6, 7, 8, 9

　　(3)6, 5, 4, 3, 2, 1

　　(4)5, 4, 3, 2, 1

7 (1)$\frac{2}{5}$　(2)$\frac{7}{7}$(1)　(3)$\frac{7}{8}$　(4)$\frac{2}{7}$

　　(5)$\frac{2}{4}$　(6)1.7　(7)4.1　(8)2.4

　　(9)0.9　(10)0.6

とき方

2 (1)1000000 から 999990 は，10 へっていま
　　す。999990 から 10 へった数を考えます。
　　(2)940000 から 960000 は，20000 ふえてい
　　ます。960000 から 20000 ふえた数，さら
　　に 20000 ふえた数を考えます。
　　(3)1 t は 1000 kg です。
　　(4)1 kg は 1000 g です。

4 6 台のバスのせきがすべてうまっていたら，
　　64×6=384（人）
　　そのうち 19 せきあいていたので，384−19（人）
　　です。

5 一の位からじゅんに計算します。くり上がりや
　　くり下がりに注意します。

6 (1)32−27=5　□=5 にすると
　　　32−5=27 になります。
　　　27 より小さいので，
　　　32−6=26，32−7=25
　　　というように，5 より大きい数になります。
　　(2)7×4=28　28<30
　　　7×5=35　35>30
　　　4 より大きい数になります。
　　(3)35÷5=7　7>□
　　　7 より小さい数になります。
　　(4)6+6=12　12=12
　　　6+5=11　11<12
　　　6 より小さい数になります。

7 (1)～(3)分母が同じなので，分子をたします。
　　(4)分母が同じなので，分子をひきます。
　　(5)1=$\frac{4}{4}$ となおして計算します。

1 (1)4 時 12 分
　　(2)10 分 15 秒
　　(3)1 時 36 分
　　(4)3 分 35 秒

2 おじいさん 56 才　おばあさん 54 才
　　お父さん 36 才　お母さん 31 才
　　まさと 7 才　妹 5 才

3 (1)

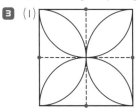

　　(2)4 つ

4 (式)　390+□=1240

　　　　□=1240−390

　　　　□=850

　　　　　　　　　（答え）850 円

5 ⑦二等辺三角形

　　⑦正三角形

6 (1)7925　(2)20230　(3)48528

　　(4)31　(5)11　(6)20

7 (1)2075　(2)8, 603

　　(3)4000　(4)3, 250

　　(5)830700

　　(6)75000040

8 (式)　36÷3=12　　（答え）12 羽

9 4 m

10 直径 8 cm　半径 4 cm

11 12 まい

とき方

1 (1)

時	分
1	48
+ 2	24
3	72
+ 1	−60
4	12

(2)

分	秒
3	50
+ 6	25
9	75
+ 1	−60
10	15

(3)　時　　分　(4)　分　　秒
　　3　71　　　11　75
　　4̸　1̸̸　　　1̸2̸　7̸5̸
　−2　35　　−8　40
　──────　　──────
　　1　36　　　3　35

2 1目もりは，2才を表しています。

3 (1)このもようは，4つの半円でできています。
それぞれの半円の中心は，正方形の辺にあって，しかも辺の真ん中の点になります。
(2)コンパスで3cmずつ区切っていきます。また は，直線の長さをはかると14cmだから
14÷3=4 あまり 2
よって，4つ分区切ることができます。

5 2つの辺の長さが同じ三角形を二等辺三角形と いいます。3つの辺の長さが同じ三角形を正三 角形といいます。

7 (1)(2)1kmは1000mです。
(3)1tは1000kgです。
(4)1kgは1000gです。
(5)(6)表を使うとべんりです。

千万	百万	十万	一万	千	百	十	一	
		8	3		7			…(5)
7	5					4		…(6)

8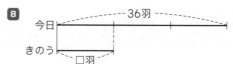

9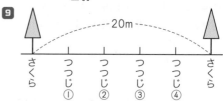

つつじ4本を植えるということは，間が
(4+1)つとなります。
よって，20÷5=4

10 ボール4こで32cmなので，直径は，32÷4=8
半径はその半分だから，8÷2=4

11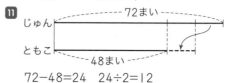

72−48=24　24÷2=12